化学工业出版社"十四五"普通高等教育规划教材·风景园林与园林类

风景园林
规划与设计原理

顾 韩　张俊杰　赖小红 ◉ 主编

U0300710

化学工业出版社

·北京·

内 容 简 介

《风景园林规划与设计原理》全书共 7 章，第 1 章主要介绍风景园林的基本概念与内涵、实践与理论及全球风景园林学科的重要组织。第 2 章以近现代风景园林发展为线索，着重介绍中外近现代风景园林发展的重要历史阶段、重要人物及代表作品。第 3 章风景园林环境要素，从自然与人文环境要素、风景园林构成要素展开解析。第 4 章景观空间构建，主要从空间构成、空间围合、空间密度等 6 个方面介绍景观空间如何进行构建。第 5 章风景园林中的生态学与景观生态学原理，介绍了生态学与景观生态学原理在风景园林中的具体应用。第 6 章可持续景观设计策略与方法，介绍了自然与建成环境设计策略、可持续设计思路与原理，通过雨水花园营造实现理论与实践的结合。第 7 章人性化景观环境设计，以人性化的交往环境和无障碍设计为例介绍景观中的人性化设计的实现路径。

本书可作为普通高等院校风景园林、建筑学、城乡规划、环境设计等相关专业教材，也可作为风景园林工程、设计、科研等相关人员的参考用书。

图书在版编目（CIP）数据

风景园林规划与设计原理/顾韩，张俊杰，赖小红
主编 . —北京：化学工业出版社，2022.8（2024.2重印）
化学工业出版社"十四五"普通高等教育规划教材·
风景园林与园林类
ISBN 978-7-122-41414-4

Ⅰ.①风⋯　Ⅱ.①顾⋯②张⋯③赖⋯　Ⅲ.①园林设
计-高等学校-教材　Ⅳ.①TU986.2

中国版本图书馆 CIP 数据核字（2022）第 080444 号

责任编辑：尤彩霞　　　　　　　　装帧设计：韩　飞
责任校对：边　涛

出版发行：化学工业出版社（北京市东城区青年湖南街 13 号　邮政编码 100011）
印　　装：北京天宇星印刷厂
787mm×1092mm　1/16　印张 12　字数 305 千字　2024 年 2 月北京第 1 版第 2 次印刷

购书咨询：010-64518888　　　　　售后服务：010-64518899
网　　址：http://www.cip.com.cn
凡购买本书，如有缺损质量问题，本社销售中心负责调换。

定　　价：59.00 元

前　言

《风景园林规划与设计原理》是建筑大类专业重要的专业基础课，是风景园林、建筑学、城乡规划、环境设计等相关专业学生学习、了解风景园林学科专业知识的重要途径。本书主要通过对现代风景园林发展的历程、环境景观要素、风景园林空间设计、生态与可持续发展规划设计、人性化的景观环境设计等知识点的介绍、梳理及分析，使读者能够系统地学习近现代风景园林的发展理论，掌握风景园林空间设计的基本原理与方法。通过学习能为风景园林规划与设计、城市绿地系统规划与设计、建筑设计、城乡规划与设计等课程后续学习奠定基础。

"美丽中国、绿水青山"的生态文明思想，促进了风景园林学科在改善人居环境，实现国家、区域城乡可持续发展中的作用。当前全球城市、区域环境问题面临着新的挑战，如气候变化对人居环境的影响、城市生物多样性保护与构建、绿色低碳景观的实现和发展、健康环境与生活的营造、生态基础设施的可持续建设等，风景园林学科将继续为生态文明和美丽中国建设、城乡高质量发展、人居环境持续改善和人民的健康福祉贡献力量。

本书总结了编者多年的教学体会，教学内容上符合建筑大类基础理论教学需求，同时参考、吸收有关专家、教师、社会工作者的优秀成果、意见和建议，力求做到符合风景园林及相关专业基础使用需求，通过对风景园林的历史发展脉络梳理、传统园林与现代景观空间营造手法分析、学科相关理论及应用介绍，形成知识涵盖面广、专业基础性强、实践内容丰富、案例介绍典型等特点，具有较高的实用价值。

本书共分为7章：第1章主要介绍风景园林的基本概念与内涵、实践与理论及全球风景园林学科的重要组织；第2章以近现代风景园林发展为线索，着重介绍中外近现代风景园林发展的重要历史阶段、重要人物及代表作品；第3章风景园林环境要素，从自然与人文环境要素、风景园林构成要素展开解析。第4章景观空间构建，主要从空间构成、空间围合、空间密度等6个方面介绍景观空间如何进行构建。第5章风景园林中的生态学与景观生态学原理，介绍了生态学与景观生态学原理在风景园林中的具体应用。第6章可持续景观设计策略与方法，介绍了自然与建成环境设计策略、可持续设计思路与原理，通过雨水花园营造实现理论与实践的结合。第7章人性化景观环境设计，以人性化的交往环境和无障碍设计为例介绍景观中的人性化设计的实现路径。

本教材由重庆交通大学的顾韩、张俊杰、赖小红主编，哈尔滨学院郭杨、黑龙江工程学院郭丽娟、黑龙江科技大学郑志颖、黑龙江八一农垦大学王洪义、河南科技大学张利霞共同参与编写。具体的编写分工如下：第1章、第2章、第3章3.3节由顾韩编写；第4、7章由张俊杰编写；第5章由赖小红编写；第6章6.1～6.4节由王洪义、张利霞编写；第6章

6.5 节由郑志颖编写；第 3 章 3.1、3.2 节由郭杨编写；第 3 章 3.4 节由郭丽娟编写。

　　本书在编写过程中，参阅了大量的书籍和相关文献资料，在此致以真诚的感谢！参考文献力求能够在书后注明，不当之处，敬请读者指出，以便改正。感谢刁洁、方萌萌、刘莹、胡琪琪、周顺航、王鑫鑫等同学对于图片的整理和编制工作的辛勤付出。

　　由于编者水平有限，在编写过程中难免会有疏漏之处，敬请读者批评指正。

编者

2021 年 12 月

目　　录

第1章　风景园林学概述

本章的重点与难点

重点：掌握风景园林学中的基本概念与理论、近现代中西方风景园林类型及代表。

难点：利用风景三要素，营造体验风景园林学的核心、现代风景园林代表作品特征。

导言

中国园林在世界造园史上独树一帜，是世界三大园林体系之一。作为人类文明的重要载体与遗存，风景、园林与景观延续至今，形成了现代的风景园林学（landscape architecture，在不同的文化背景、国家、区域有不同的中文称谓，但其本质与内核都大致相同）。图 1-1 为贵州黔东南加榜梯田景观。

图 1-1　贵州黔东南加榜梯田

1.1 风景、园林与景观的内涵

1.1.1 风景的本质

什么是风景？不同的人会有不同的理解，大众普遍会提及"山水""风光""景致""景色"等（图1-2）。在众多的理解中，"山水"是中国古人对风景概念、风景审美观的核心体现。先秦时期，"山水"一词已具有现代汉语中"风景"的含义，泛指有山有水的地理环境，体现出整体环境审美的意义。这一时期形成的自然美审美观及建构的相关理论体系，不仅具有划时代意义，而且影响极其深远，为中国后世独特自然山水美的园林审美意识和理论思维的发展奠定了深厚的根基。

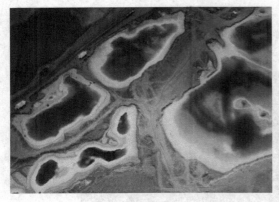

图1-2 风景图

山与水，概括了人类赖以生存的重要物质环境。这一认识，在古老的《周易》中就早有体现。山和水这两个字既表示五行对立，也表示自然力量的互补。山挺且拔，喻阳；水曲而柔，喻阴。彼此互动，相依成形。山融水于其中，形成溪流、湖泊、瀑布或是大海，水流之处，侵蚀山体，雕刻纹理。一个场地的特征会在山与水的平衡当中形成，这样的平衡至少能够在地质时代的某个时刻得以维持。因此，中国古人对自然环境的认识就已表现出强烈的审美意识，能体现中华民族深厚的风景审美渊源。

"风"与"景"在《说文解字》中有如下的释义。"风，八风也。东方曰明庶风，东南曰清明风，南方曰景风，西南曰凉风，西方曰阊阖风，西北曰不周风，北方曰广莫风，东北曰融风。风动虫生，故虫八日而化。从虫凡声。"" "风"的含义从自然现象引申为文化现象。"景，光也，从日京声。" "景"没有对应的简化字。"景"的本义是日光，后逐渐引申有景色、景致的含义。

如法国哲学家、汉学家斯塔尼斯拉斯·朱利安（儒莲，Stanislas Aignan Julien，1797—1873）所说："无论是描述欧洲人共同指称的'自然'，或是与其相关的绘画门类，'风景'一词在汉语中对应的都是'山水'或'山川'（现代汉语中还把'风景画'称作'山水画'）。"西方翻译中国"山水画"，就是将"山水"译为"landscape"，与"风景画"之"风景"同义。

在牛津与韦氏词典里 landscape（风景）被解释为：A picture representing a view of natural inland scenery; The landforms of a region in the aggregate. 即"大自然的风光景色"。

我国将风景作为研究对象，开始于 20 世纪 80 年代。冯纪忠先生是我国第一位将风景纳入建筑规划与风景园林学科的学者，他在《风景开拓意义》一文中发表了"风景不仅是一个艺术问题，也是很大的科学问题"的观点。在 20 世纪 90 年代，刘滨谊、杨锐、张述林等学者都对"风景"提出了自己的理解（表 1-1）。

表 1-1　不同学者对"风景"概念的阐述

学者	对风景的理解
刘滨谊	由景园意境、风情、景象、景色组成，概括了典型的风景感受形式和结果
杨锐	自然和人是风景不可或缺的两个要素。风景是人对自然环境感知、认知和实践的显现，存在于艺术形式、知识形态和空间形态中
张述林	风景是构景要素（自然与人文）在特定区域内美感反映和表现随时间变化的组合体
约翰·布林克霍夫·杰克逊（John Brinckerhoff Jackson，1909—1996）	风景不是景致，它不是单一的自然空间，也不是自然环境的外表，它总是人工的、综合的并随着人们的意志而改变的。我们创造风景，我们需要风景，因为风景是我们建立我们所拥有的时空组织的场所
Denis E. Gosgrore	风景是社会与文化的产物
R. Burton Litton	风景，是观赏者眼中的景象，它是人们头脑中的观念，它是以空间存在的一系列可见的物质实体

根据中外不同的学者对风景的阐述，风景可以这样理解：风景（landscape）是客观存在的、能引起人们产生审美、欣赏、感受的环境要素及组合，包括自然景观和人文景观。狭义的风景可以理解为风光或景物、景色等。

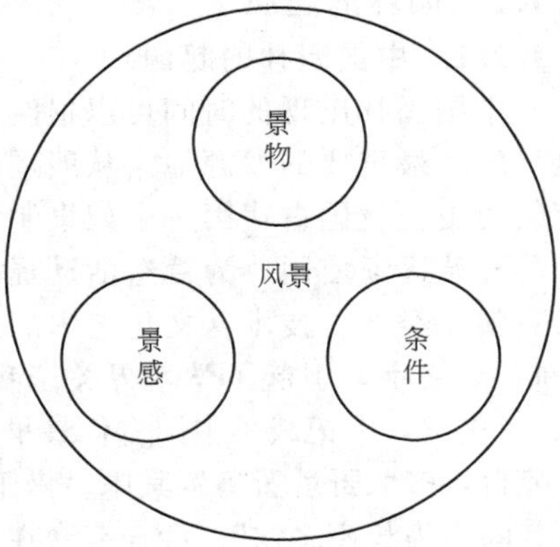

构成风景的三个要素：景物、景感和条件（图1-3）。

① 景物是风景构成的客体，是具有独立欣赏价值的个体风景素材，包括山、水、植物、动物、空气、光、建筑以及其他诸如雕塑碑刻、名胜遗迹等有效的风景素材。

② 景感是指人对风景的感知，是风景构成的活跃因素、主观反映，是人对景物的体察、鉴别和感受能力，实质就是人对风景的感知。例如视觉、听觉、嗅觉、味觉、触觉、联想、心理等。

③ 条件是风景构成的制约因素、原因手段，是赏景主体与风景客体所构成的特殊关系，

图 1-3　构成风景的三个要素

包括了个人、时间、地点、文化、科技、经济和社会等各种条件。

互联网、虚拟现实、人工智能等技术与风景园林的结合，给"风景"的营造与体验提供了超乎以往的想象与空间，使得"风景呈现"有了多维的发展与推动。风景园林设计师需要了解、熟悉更多的前沿技术发展的方向，在适宜的环境中通过新技术、新材料、新手段带给人们新的风景体验。

例如，在北京市海淀区中关村环保科技园中就有一个与现代科技紧密结合的景观——能量花园。景观以"能量花园"为主题，其能量来源为路经的人体动能和太阳能，在园中行走的每一步都在为它发电、积蓄能量，储存起来的电能可以用于全园的各项设施。全园的人体动能和太阳能传输到中控机房后，经过逆变器并入公网，所发电量为园区设备供电，同时监测所有设备的发电量和耗电量，为最优匹配提供支持。同时园内还有一些智能互动体验装置，如增加了报时系统的智能水帘，每一分钟整报时一次，还有将雾喷与集电地板结合的互动装置（图1-4），每踩下一块地板就能带动一组雾喷装置启动喷洒，增强趣味性。园内处处都有与科技相结合的互动装置，将景观与技术巧妙结合，给人们带来了新的风景体验。

图1-4　雾喷与集电地板结合的互动装置

1.1.2　园林的起源

1.1.2.1　中国园林的起源

中国园林出现的时间可以追溯到公元前。中国是世界文明的摇篮，是世界园林艺术起源最早的、最重要的发源地。从殷周时期"囿"的出现算起，中国园林的发展至今已有三千多年的历史。我国古代第一个奴隶制王朝——夏朝，农业和手工业有了相当的发展，青铜器等工具开始逐渐使用，为营造活动提供了技术上的条件，因此在夏朝已经出现了宫殿建筑。到了商朝，经济、技术、文化艺术的发展为造园活动奠定了基础。甲骨文中出现的"园""圃""囿"等文字，引起了学术界关于我国古典园林的营造活动开始时期和最初形式的讨论。

《史记》中记载了中国古代最早的园林——沙丘苑台。《史记·殷本纪》描述纣王"益广沙丘苑台，多取野兽蜚鸟置其中。慢于鬼神。大聚乐戏于沙丘，以酒为池，悬肉为林，使男女裸逐其间，为长夜之饮"。沙丘苑台在今河北省邢台市广宗县西北大平台，建于殷纣王之前，殷纣王时进行了大规模的扩建，园内建有不少离宫别馆，并畜养着很多捕获的野兽和飞鸟。

"园林"一词，在西晋之后的诗文中出现，如西晋张翰《杂诗三首》（其一）："暮春和气应，白日照园林。"唐代贾岛《郊居即事》诗："住此园林久，其如未是家。"明代刘基《春雨三绝句》（其一）之一："春雨和风细细来，园林取次发枯荄。"清代范阳洵《重修袁家山碑记》："见其祠宇（袁可立别业）萧条，园林将颓。慨然，有兴复之志，乃鸠工修葺，顿觉改观。"诗文中的园林，主要专指宅院中种植了花草树木、供人游玩休息的地方。在另一些诗文中，"园林"一词又有新的含义。如元僧实禅师《竹深处诗》："宦游十载天南北，犹想园林思不忘。"清顾炎武《秋雨》诗："流转三数年，不得归园林。"此处的"园林"有故乡的含义。

在历史上，"园林"的称谓因游憩境域内容和形式的不同而变化。殷周时期和西亚的亚述时期，以畜养禽兽供狩猎和游赏的境域称为囿和猎苑。秦汉时期供帝王游憩的境域称为苑或宫苑，属官署或私人的称为园、园池、宅园、别业等。

所谓园林，指在一定的地域运用工程技术和艺术手段，通过改造地形（或进一步筑山、叠石、理水）、种植树木花草、营造建筑和布置园路等途径创作而成的美的自然环境和游憩境域。在中国建筑中独树一帜，有重大成就的是古典园林建筑。

中国园林随着生产力和朝代的发展与更替，在形式上发生了很多的变化，最终形成三个类型体系。第一种是皇家园林——帝王皇室休闲消暑、狩猎的场所，占地巨大，通常利用得天独厚的自然资源或模拟自然山水，堆山、理水、修筑，成为皇家游乐的场所。皇家园林可以从公元前11世纪周文王修建的"灵囿"算起至清代，代表园林有颐和园、静明园、圆明园等。第二种是私家园林——依附于城市与郊野的私人住宅或别墅修建的中小型庭院。私家园林起始于两汉时期，其代表园林有沧浪亭、拙政园、留园等。第三种是寺观园林——主要包括佛寺、道观、历史名人纪念性祠庙等的附属园林，范围包括寺观周围的自然环境，是寺庙建筑、宗教景物、人工山水和天然山水的综合体。寺观园林最早出现于公元4世纪——庐山东林寺（东晋太元年间，公元376～396年），僧人慧远建造。代表园林有寒山寺、武侯祠、灵隐寺等。

中国园林作为传统文化中的一种艺术形式，起源于"礼乐"文化，以造园要素为载体衬托出人类主体的精神文化。中国园林在发展过程中，受到儒家、道家、佛家思想的影响，展示了对自然法则的敬畏，通过对自然的模拟、再造、深化，实现"人与环境的平衡、统一"的基本造园理念。

1.1.2.2　西方园林的起源

"garden"一词的含义可以追溯到希伯来文中的"gan"，具有"保护"或"捍卫"的含义，表示有围栏或者围墙；"oden"或"eden"意为"享乐"或"愉悦"，英文的garden是这两个词的结合，意为"为享乐和愉悦而围合起来的土地"。

西方对自然的认识源于人类对自然实施的活动，古罗马诗人西塞罗（Cicero）曾将自然分为原始的第一自然和经过人类耕作的第二自然两种类型。第一自然即自然景观，是指地球的外表，如高山、沙漠、森林、冰雪、火山、海洋等，也就是原始的大自然。第二自然即文化景观，是指经过人工改造的自然。

西方园林的起源可以追溯到公元前16世纪的埃及，从古代墓画中可以看到古代祭司大臣的宅园采取方直的规划、规则的水槽和整齐的栽植，那是人类模仿第二自然开始建造的园林，西方园林可以说是沿着几何式的模式开始。其中的代表为古埃及园林、古希腊园林及古罗马园林，其中水、常绿植物和柱廊都是重要的造园要素，为15～16世纪意大利文艺复兴园林奠定了基础。

公元8世纪，阿拉伯人征服西班牙，带来了伊斯兰的园林文化，结合欧洲大陆的基督教文化，形成了西班牙特有的园林风格。典型的西班牙园林称为Patio，原意是院落或天井。水作为阿拉伯文化中生命的象征与冥想之源，在庭院中常以十字形水渠的形式出现，代表天堂中水、酒、乳、蜜四条河流。各种装饰变化细腻，喜用瓷砖与马赛克作为饰面。这种类型的园林极大地影响到美洲的造园和现代景观设计。

欧洲中世纪时期，封建领主的城堡和教会的修道院中建有庭园。修道院中的园地与建筑功能相结合，在今天，英国等欧洲国家的一些校园中还保留着这种传统庭园。

西方园林从文艺复兴时期开始大规模发展，先后出现了如 16～17 世纪的意大利园林（如台地园）、17～18 世纪的法国园林（如勒诺特设计的凡尔赛宫花园）、18 世纪中叶之后英国的自然风景园林等代表性园林。19 世纪下半叶，美国的奥姆斯特德（Frederick Law Olmsted）在主持建设纽约中央公园时，创造了 "Landscape Architecture" 一词，开创了现代风景园林学。奥姆斯特德把传统园林学涉及的范围扩大，从庭园设计扩大到城市公园系统的设计，以至区域范围的生态景观规划。他认为 "城市户外空间系统以及国家公园和自然保护区是人类生存的需要，而不是奢侈品"。

1.1.3 景观

"景观" 这个词具有极为丰富且多样化的含义，很难有一个准确的概念统领不同学科中有关 "景观" 的含义。

"景观" 一词最早在文献中出现是在希伯来文的《圣经》（the Book of Psalms）中，用于对圣城耶路撒冷总体美景（包括所罗门寺庙、城堡、宫殿在内）的描述，与 "风景"（scenery）含义相近，都是视觉美学意义上的概念，文学艺术界以及绝大多数的园林风景学者所理解的景观也主要是这一层含义（俞孔坚，1987）。

19 世纪初，德国地理学家、植物学家 Von. Humboldt 将 "景观" 作为一个科学名词引入到地理学中，并将其解释为 "一个区域的总体特征"（Naveh and Lieberman，1984），这与后来地理学中 "地域综合体" 的提法很相近。Von. Humboldt 提出将景观作为地理学的中心问题，探索由原始自然景观变成人类文化景观的过程，这其实就是 "人地关系" 研究思想的雏形。后来俄国地理学家贝尔格等将这一思想发展形成了景观地理学派；随后索恰瓦的地理系统学说阐明自然环境与人类社会的联系以及自然界与社会的相互作用，与景观生态学的观点很接近（景贵和，1986）。景观一词被引入地理学研究后，已不单只具有视觉美学方面的含义，而是还具有地表可见景象的综合与某个限定性区域的双重含义（肖笃宁，1999）。早期西方经典的地理学著作中，景观主要用来描述地质地貌属性，常等同于地形（landform）的概念。俄国地理学家把生物和非生物的现象都作为景观的组成部分，这也为地理学与生态学的融合、交叉打下了基础。

《中国大百科全书》（第二版）对景观的注释：

景观是一个含义广泛的术语，不仅在地理学中经常使用，而且在建筑、园林、日常生活等许多方面使用，源于德文 landschaft，其原意为风景、风景画、眼界等。19 世纪初引入地理学，由于不同学派或学者在认识和理解角度上的差异出现多义的现象：①指某一区域的综合特征，包括自然、经济、人文诸方面；②指自然综合体；③指区域单位，相当于综合自然区划等级系统中最小的一级自然区；④指任何区域分类单位，理解为具有分类含义的自然综合体，类似于生物学中 "种" 的概念。

从受人类开发利用和建设角度，景观分为自然景观、园林景观、建筑景观、经济景观、文化景观等；从时间角度，分为现代景观、历史景观。

1.1.3.1 自然景观

自然景观是一种宝贵的资源，是天然景观和人为景观的自然方面的总称。天然景观只受到人类间接、轻微或偶尔影响而原有自然面貌未发生明显变化，如高山、荒漠、沼泽、黄土高坡等（图 1-5）。人为景观受到人类直接影响和长期使用，自然面貌发生明显变化，如乡村、工矿、城镇等。人为景观又称文化景观，是人类作用和影响的产物，但发展规律服从于自然规律，故必须按自然规律去建设和管理。自然景观中的人为景观不包括其经济、社会等方面的特征。

图 1-5　自然景观

1.1.3.2　文化景观

　　文化景观即人类活动所造成的景观。F. 拉采尔（Ratzel，1844—1904）最早阐述文化景观概念，称之为"历史景观"。1906 年德国地理学家 O. 施吕特尔（Otto Schluter，1872—1952）提出"文化景观"一词，主张按照分析自然景观演化的方式分析文化景观；把文化景观分为可动的和不可动的两种类型，前者如人口、运输的货物等，后者如道路、田地、房屋等。

　　区域文化景观的演变犹如自然景观的演变一样，前一时期的特征总会有一些遗存，据此美国地理学者 D. S. 惠特尔西（Whittlesey，1890—1956）1929 年提出"相继占用"概念，主张用一个地区在历史上所遗留下来的不同文化特征来说明地区文化景观的历史演变。

　　1925 年美国地理学家 C. O. 索尔（Sauer，1889—1975）在其《景观的形态》中定义"文化景观是人类所有的创造物"，主张文化景观是人类文化作用于自然景观的结果，因此要通过实际观察地表景观来研究区域的地理特征，这是他创立的文化地理学伯克利（Berkeley）学派的核心。

　　文化景观包括物质文化景观和非物质文化景观，前者指各种有形的、可见的文化景观，如农田、厂矿、城镇、道路、古文化遗址等；后者指无形的、不可见的，但置身其中能感觉到的文化景观，如语言、宗教、习俗等。索尔及其继承者强调研究可视的文化景观的形态，即有形的文化景观；法国地理学家 J. 戈特芒（Jean Gottmann，1915—）等人提出，还应研究无形的文化景观。

1.1.3.3　世界遗产

世界遗产（world heritage）是指被联合国教科文组织和世界遗产委员会确认的人类罕见的、无法替代的财富，是全人类公认的具有突出意义和普遍价值的文物古迹及自然景观。世界遗产包括世界自然遗产、世界文化遗产（包含文化景观）、世界文化与自然双重遗产三类。根据形态和性质，世界遗产分为物质遗产（文化遗产、自然遗产、文化与自然双重遗产）和非物质文化遗产。保护世界文化与自然遗产（natural heritage）是联合国教科文组织多年来积极开展的一项国际合作活动。1972年11月16日，联合国教科文组织在巴黎总部举行的第17届大会上通过了《保护世界文化和自然遗产公约》。

世界遗产标志由线条勾勒出的代表大自然的圆形与代表人类创造的方形形状相系相连的图案及"世界遗产"的中英法文字样构成（图1-6）。

图1-6　世界遗产标志

1998年5月25日，中国教科文组织、建设部、国家文物局在北京联合向被联合国授予《世界自然和文化遗产》的遗产管理单位颁发世界遗产标志牌，"世界遗产"标志开始在中国被列入《世界遗产名录》的地方永久悬挂。截至2021年7月，中国已有56项世界文化和自然遗产列入《世界遗产名录》，其中世界自然遗产14项，世界文化遗产38项（包括世界文化景观遗产5项），世界文化与自然双重遗产4项。

（1）世界自然遗产

"自然遗产"代表地球演化历史中重要阶段的突出例证；代表进行中的重要地质过程、生物演化过程以及人类与自然环境相互关系的突出例证；独特、稀有或绝妙的自然现象、地貌或具有罕见自然美地域。

中国的世界自然遗产：湖南武陵源风景名胜区、四川黄龙风景名胜区、四川九寨沟风景名胜区、四川大熊猫栖息地、中国南方喀斯特（云南昆明石林、重庆武隆、贵州黔东南州荔波）、三清山风景名胜区、中国丹霞等（表1-2）。

表1-2　中国世界自然遗产名录

序号	名称	景观风貌图
1	湖南武陵源风景名胜区	
2	四川九寨沟风景名胜区	

序号	名称	景观风貌图
3	四川黄龙风景名胜区	
4	云南三江并流保护区	
5	四川大熊猫栖息地	
6	江西三清山风景名胜区	
7	中国南方喀斯特	
8	中国丹霞	
9	澄江化石遗址	
10	新疆天山	

序号	名称	景观风貌图
11	青海可可西里	
12	湖北神农架	
13	贵州梵净山	
14	中国黄(渤)海候鸟栖息地(第一期)	

（2）世界文化遗产

世界文化遗产专指"有形"的文化遗产，与联合国教科文组织的另一项"非物质文化遗产"完全不同。世界文化遗产主要包括：

① 文物　从历史、艺术或科学角度看，具有突出的普遍价值的建筑物、碑雕和碑画以及具有考古性质成分或结构的铭文、洞穴以及其综合体；

② 建筑群　从历史、艺术或科学角度看，在建筑式样、分布均匀或与环境景色结合方面具有突出的普遍价值的单立或连接的建筑群；

③ 遗址　从历史、美学、人种学或人类学角度看，具有突出的普遍价值的人造工程或人与自然的共同杰作以及考古遗址。

中国的世界文化遗产：长城、莫高窟、明清皇宫、承德避暑山庄及周围寺庙、苏州古典园林、颐和园等（表1-3）。

表1-3　中国世界文化遗产（包含文化景观）名录

序号	名称	景观风貌图
1	长城	

序号	名称	景观风貌图
2	甘肃敦煌莫高窟	
3	北京及沈阳的明清皇家宫殿	
4	西安秦始皇陵及兵马俑坑	
5	周口店"北京人"遗址	
6	拉萨布达拉宫历史建筑群	
7	承德避暑山庄及周围寺庙	
8	曲阜孔府、孔庙、孔林	
9	武当山古建筑群	

序号	名称	景观风貌图
10	云南丽江古城	
11	苏州古典园林	
12	北京皇家祭坛——天坛	
13	重庆大足石刻	
14	河南洛阳龙门石窟	
15	明清皇家陵寝	
16	四川青城山-都江堰	
17	皖南古村落——西递村、宏村	

序号	名称	景观风貌图
18	大同云冈石窟	
19	高句丽王城、王陵及贵族墓葬	
20	澳门历史城区	
21	安阳殷墟	
22	开平碉楼与村落	
23	福建土楼	
24	河南登封"天地之中"历史建筑群	
25	元上都遗址	

序号	名称	景观风貌图
26	中国大运河	
27	丝绸之路：长安—天山廊道的路网	
28	土司遗址	
29	厦门鼓浪屿：历史国际社区	
30	良渚古城遗址	
31	红河哈尼梯田文化景观	
32	左江花山岩画文化景观	
33	泉州：宋元中国的世界海洋商贸中心	

序号	名称	景观风貌图
34	江西庐山国家公园	
35	山西平遥古城	
36	北京皇家园林——颐和园	
37	杭州西湖文化景观	
38	山西五台山	

（3）文化与自然双重遗产

中国的世界文化与自然双遗产包括泰山、黄山、峨眉山——乐山大佛、武夷山。

1.2 风景园林学的概念、实践与理论

现代风景园林学（landscape architecture）形成于欧美国家，距今约有 200 年的发展历史。

我国的风景园林学起步较晚，但发展迅速，已经成为世界风景园林的中坚力量。2011年国务院学位委员会和教育部公布的《学位授予和人才培养学科目录》中，风景园林学被增设为一级学科，设在工学门类，可授工学和农学学位。风景园林学一级学科的增设对于我国风景园林学的发展具有里程碑的意义。

1.2.1 风景园林学的概念

风景园林学（landscape architecture）是一门建立在广泛的自然科学和人文艺术学科基础上的应用学科（图1-7），它涉及气候、地理、水文等自然要素，同时也包含了人工构筑物、历史文化、传统风俗习惯、地方色彩等人文元素，是一个地域综合情况的反映，是一个涉及多学科的、多知识的相对复杂的应用学科。

维基百科关于 Landscape Architecture 的释义为：Landscape architecture is the design of outdoor public areas，landmarks，and structures to achieve environmental，social-behavioral，or aesthetic outcomes.

风景园林是对户外公共区域、地标和建筑物进行设计，以实现环境、社会行为和美学效果。

生态

人居环境

生物多样性

城市景观

图1-7　风景园林学特征

维基百科关于风景园林学领域的定义为：The scope of the profession includes：urban design；site planning；storm water management；town or urban planning；environmental restoration；parks and recreation planning；visual resource management；green infrastructure planning and provision；and private estate and residence landscape master planning and design；all at varying scales of design，planning and management.

该职业的范围包括城市设计、场地规划、雨水管理、乡村或城市规划、环境修复、公园和游憩区域规划、视觉资源管理、绿色基础设施的规划和管理、私人住宅和住宅景观总体规划设计；在不同尺度的设计、规划和管理。

总体而言，结合我国的园林实践状况，风景园林大体可划分为三大方面：

① 风景园林资源保护和利用——资源保护、自然环境、城乡环境、历史人文；

② 风景园林规划设计——规划设计、形象空间、环境生态、功能使用；

③ 风景园林建设与管理——施工建设、养护管理、活动组织。

因此，有关学者给风景园林学做这样一个定义：

风景园林学是综合应用科学与艺术手段，研究、规划、设计、管理自然和人工环境的应用型学科，以协调人与自然的关系为宗旨，保护和恢复自然环境，营造健康优美的人居环境。其核心内容是户外空间营造，根本使命是协调人和自然之间的关系。

刘滨谊（1990）提出风景园林学科在人居环境学科群中的地位和作用，可以从建筑学、城市规划、风景园林学在人居环境学中三位一体的地位作用来认识：聚居建设过程中包含风景园林；聚居活动也离不开风景园林；而聚居环境作为人类生存的环境背景，更是由风景园林学科专业为主来完成的。自人类聚居有史以来，风景园林始终与建筑密不可分，历经农耕文明、工业文明，风景园林随着城市的发展而繁荣昌盛。当代，随着全球资源、环境、生态成为首要问题，风景园林在整个人居环境保护与发展中更成为至关重要的学科。因此，尽管风景园林已独立成为一级学科，但其与建筑学、城市规划三位一体、相互补充的紧密联系不仅不应弱化，而且必须加强。一方面，如同早先的建筑、城乡规划、风景园林的三位一体，风景园林一级学科的发展仍然脱离不开建筑学、城乡规划；另一方面，中国人居环境学科群整体发展也需要风景园林学的长足发展方可得到强化。因此，无论今后如何发展，风景园林学都将始终以人居环境学作为更大的坐标体系，位居其中。

风景园林设计主要从事外部空间环境规划与设计，涉及建筑学、城乡规划、植物学、生态学等学科，集科技、人文、艺术特征于一体，对于优化城市景观、调节生态系统、保护历史遗产和地方文化、改善人居环境质量等起着重要的作用。

1.2.2 风景园林学的实践范畴

风景园林学的实践范畴随着我国生态文明建设、全球面临的环境生态威胁及人们对美好生活不断追求等目标需求而发展，形成了多样化和细致化的趋势。可以归纳为以下4个大类型。

1.2.2.1 景观评估和规划

景观的评估主要是针对不同尺度土地进行系统性研究，除了关注视觉品质之外，更多的是从生态学和自然科学角度入手，由人类关于土地历史用途及当今人们对土地的使用需求而决定。这是一个专业而系统的过程，除了风景园林师，还涉及其他学科专家团队的介入，如生态学、土壤学、地理学、社会学及经济学。景观评估的结果是制定出土地利用与分类发展的规划或者政策建议。景观评估和规划的另一项任务就是确定土地建设的适宜性，直观地讲，就是确定这块土地适合什么样的功能。

景观评估是一个系统了解和分析场地的过程，它通过对景观中各种基本组成元素的特点进行描述和分析，挖掘出场地的关键特质，从而回答："这里能做什么？不能做什么？怎么做才是最合理的？"它使得设计和规划不再停留在夸夸其谈的空想和对形式片面追求的层面，而是还致力于对场地实际问题的解决。更重要的是，它把景观使用者的视野拓宽到景观所有的组成元素，从而引导一个可持续的、全面的和健康的发展模式。

1.2.2.2 场地规划

传统风景园林学范围内的场地设计是结合场地特征，针对项目方案的用途需求做出综合性创作的过程。从功能与美学的角度，对设计区域土地上的各类要素和各类设施进行合理的安排和设计，尊重场地的自然、历史、文化背景，符合演替规律，最大限度地实现不同利益体的诉求。在当今以生态发展为理念的时代，风景园林设计师更应该发挥自身的特点，成为场地规划的主导者，引领相关专业实现生态保护、利用、开发的全生命周期，实现可持续的永续发展与资源利用。

随着时代的发展，风景园林学场地规划关注的领域也在不断地变化，如国家公园与自然保护地的场地规划在不断进步。保护规划指导思想与传统领域不同，国家公园以生态环境、自然资源保护和适度旅游开发为基本策略，通过较小范围的适度开发实现大范围的有效保护，既排除与保护目标相抵触的开发利用方式，达到保护生态系统完整性的目的，又为公众提供了旅游、科研、教育、娱乐的机会和场所，是一种能够合理处理生态环境保护与资源开发利用关系的行之有效的保护和管理模式。

1.2.2.3 风景园林设计

风景园林设计主要是利用自然景观要素和人工景观要素，实现空间和具体场地的景观品质。通过不同设计元素、材料及植物的选择、组合，在三维及多维空间（时间）中，形成独具特色的景观，并且结合现有生态基础使其形成完整和谐的景观体系和有序的、多样性的空间形态。设计的内容根据出发点的不同有很大区别，大面积的河域治理、城镇总体规划大多是从地理、生态角度出发；中等规模的主题公园设计、街道景观设计常常从规划和园林的角度出发；面积相对较小的城市广场、小区绿地、住宅庭院等是从详细规划与建筑角度出发。

1.2.2.4 城市设计

城市设计（urban design）一词，20 世纪 50 年代开始出现。查理士·埃布尔拉姆斯（Charles Abrams）认为城市设计是一项赋予城市功能与造型的规则与信条，其目的在于追求城市或邻里内各结构物间的和谐与风格一致；乔拿森·巴挪特（Jonathan Barnett）则认为城市设计是一项城市造型的工作，它的目的是展露城市的整体印象与整体美。富兰克·艾尔摩（Frank L. Elmer）认为城市设计是人类诸般设计行为的一种，其目的是将构成人类城市生活环境的各项实质单元，如住宅、商店、工厂、学校、办公室、交通设施以及公园绿地等加以妥善地规划安排，使其满足人类在生活、社会、经济以及美观上的需求。

城市设计通常由政府的某一机构来负责组织和项目管理。在城市设计中，建筑物所处的位置、交通流线和各建筑物之间空间的组织是城市设计的要点。一般情况下，建筑外形的实体设计还是占据了主要地位。街道和市场、堤岸建设开发、政府和商业中心、区域再生和工业废弃建筑的再利用都可能归入城市设计项目中，由于它们是与多种所有权、政治、法律和经济利益联系在一起的，这类项目很少由一位规划或设计师完成，往往是由开发商或政府机构资助的团队完成的。规划师负责项目的可行性调研和基础设施建设，建筑师负责实施建筑。但是，建筑物之间的空间设计与组织（场地规划和景观设计）才是决定整个方案成败的关键。必须了解微气候、阳光和阴影形状、比例和尺度、人的需求和行为以及划分空间的潜力和不同层次的差异，以便促进和提高场地规划和景观设计的效果。此外，城市园艺（urban horticulture）也是一门专业性很强的学科，需要能够辨别出那些由于强光、气流或是树木根系生长空间有限造成的不利于生长和极端的条件。总之，开放空间设计和城市园艺虽然不是城市设计中最有价值的要素，但却是整个项目至关重要的因素。

1.2.3 风景园林学的基础理论和研究方法

风景园林学的核心内容是户外空间营造，根本使命是协调人和自然之间的关系，与建筑及城市构成图底关系，相辅相成，是人居环境主体学科的重要组成之一。本学科涉及的问题广泛存在于两个层面：一是对人类生存环境的保护、恢复利用；二是科学有效地规划设计人类生活、工作、休憩所需的户外人工境域。因此，风景园林学融合工、理、农、文、管理学等不同学科门类的知识，交替运用逻辑思维和形象思维，综合应用各种科学和艺术手段来实现。

1.2.3.1 学科三大理论

景观生态学、风景园林学空间营造理论和风景园林学美学理论是风景园林学的3大基础理论。它们分别以生态学、建筑学、城乡规划学和美学为核心，同时借以地理学、林学、地质学、历史学、社会学、艺术学、公共管理、环境科学与工程、土木工程、水利工程、测绘科学与技术等，成为专业研究与实践的辅助学科。

（1）景观生态学（landscape ecology）　是风景园林学在协调和解决人与自然环境关系中的核心理论，为其分析、解决问题提供了理论支持。景观生态学是以景观结构、功能和动态特征为主要研究对象的一门新兴宏观生态学分支学科，是对人类生态系统进行整体研究的新兴学科。景观生态学的主要研究内容包括：景观格局的形成及与生态学过程的关系；景观的等级结构、功能特征以及尺度推绎；人类活动与景观结构、功能的相互关系；景观异质性（或多样性）的维持和管理等。

（2）风景园林学空间营造理论（theory of landscape planning and design）　是关于如何规划和设计不同尺度户外环境的理论，是风景园林学的核心基础理论，又可细分为风景园林学规划理论和风景园林学设计理论。风景园林学规划理论包括表述模型、过程模型、评价模型、变化模型、影响模型和决策模型等6个模型；风景园林学设计理论包括如下几个技术环节：确定范围与目标、数据收集与区域分析、现场踏勘、社会经济文化背景分析、完成现状调研报告、多方案比较、概念设计、项目概算和施工设计。

（3）风景园林学美学理论（landscape aesthetics）　是关于风景园林学价值观的基础理论，反映了风景园林学科学与艺术、精神与物质相结合的特点。它融合中国传统自然思想、山水美学和现代环境哲学、环境伦理学、环境美学，是风景园林学研究和实践的哲学基础。

1.2.3.2 基本研究方法

风景园林学横跨工、农、理、文、管理学，融合科学和艺术、逻辑思维和形象思维的特征，决定了其研究方法的多样性。一般而言，风景园林学的研究较多采用如下3种方法。

（1）学科融贯方法　风景园林学的具体规划设计过程，吸收了"整体论（holism）""开放复杂巨系统论（open complex giant system）"和"融贯学科（transdiciplinary method）"的成果，应用相关科学（自然和社会科学）、技术（构造、材料）、艺术的知识和手段，综合解决风景园林学规划、设计、保护、建设和管理中遇到的开放性、复杂性问题。

（2）实验法　风景园林学的基础理论研究离不开实验，如工程材料与工艺性能、植物抗旱抗寒特性、观赏植物花期控制、新品种繁育、城市街巷气流规律、景观心理规律、园林的医疗作用等。

（3）田野调查法　适用于收集环境建设与维护工作所需的大量基础资料，以及对其规律的研究。如场地与环境的基本特征、游人的活动规律、绿地系统的生态作用、民众的各种要求等。

1.2.4 风景园林学的研究领域与方向

风景园林学是一门古老而又年轻的学科。作为人类文明的重要载体，园林、风景与景观已持续存在数千年；作为一门现代学科，风景园林学可追溯至19世纪末、20世纪初，是在古典造园、风景造园基础上通过科学方式建立起来的新的学科范式。从传统造园到现代风景园林学，其发展趋势可以用3个"拓展"描述：第一，服务对象方面，从为少数人服务拓展到为人类及其栖息的生态系统服务；第二，价值观方面，从较为单一的游憩审美价值取向拓展为生态和文化综合价值取向；第三，实践尺度方面，从中微观尺度拓展为大至全球、小至庭院景观的全尺度。

风景园林学包括6个研究方向：风景园林历史与理论（history and theory of landscape architecture）、风景园林规划与设计（landscape planning and design）、大地景观规划与生态修复（landscape planning and ecological restoration）、风景园林遗产保护（landscape conservation）、园林植物与应用（plants and planting）、风景园林工程与技术（landscape technology）。

（1）风景园林历史理论与遗产保护

该学科方向领域要解决风景园林学的认识、目标、价值观、审美等方向路线问题。主要领域：

① 以风景园林发展演变为主线的风景园林文化艺术理论；

② 以风景园林资源为主线的风景园林环境、生态、自然要素理论；

③ 以风景园林美学为主线的人类生理心理感受、行为与伦理理论。

（2）大地景观规划与生态修复

该学科方向领域要解决风景园林学如何保护地球表层生态环境的基本问题。主要领域：

① 宏观尺度上，面对人类越来越大规模尺度的区域性开发建设，运用生态学原理对自然与人文景观资源进行保护性规划的理论与实践；

② 中观尺度上，在城镇化进程中，发挥生态环境保护的引领作用，进行绿色基础设施规划、城乡绿地系统规划的理论与实践；

③ 微观尺度上，对各类被污染破坏了的城镇环境进行生态修复的理论与实践，诸如工矿废弃地改造、垃圾填埋场改造等。

这是一个以"规划""土地""生态保护"为"核心词"、科学理性思维为主导的二级学科，时间上以数十年、数百年，甚至千年为尺度，空间变化从国土、区域、市域到社区、街道不等，需要具有时间和空间上高度的前瞻性。

（3）风景园林规划与设计

该学科方向领域要解决风景园林学如何直接为人类提供美好的户外空间环境的基本问题。主要领域：

① 传统园林设计理论与实践；

② 城市公共空间设计理论与实践，包括公园设计、居住区绿地、校园、企业园区等附属绿地设计、户外游憩空间设计、城市滨水区、广场、街道景观设计等；

③ 城市环境艺术理论与实践，包括城市照明、街道家具等。

这是一个以"设计""空间""户外环境"为"核心词"、兼具艺术感性和科学理性的二级学科，需要丰富深入的生活体验和富有文化艺术修养的创造性。因为实践内容与日常人居环境息息相关，应用面广、量大。

（4）园林植物应用

作为风景园林最重要的材料，该学科方向领域要解决植物如何为风景园林服务的基本问题。主要领域：

① 园林植物分析理论与实践；

② 园林植物规划与设计理论和实践；

③ 风景园林植物保护与养护理论和实践。

这是一个以"植物"为"核心词"的二级学科，园林植物分析包括植物生理、植物生态、植物观赏作用的分类、评价；园林植物规划与设计是与二级学科相匹配的植物规划设计。因为其与"规划""设计"密不可分，并且在其中所占比重较大，无论是过去、现在，还是未来，始终具有不可替代和缺之不可的地位。

（5）风景园林工程与技术

该学科方向领域要解决风景园林的建设、养护与管理的基本问题。主要领域：

① 风景园林信息技术与应用；

② 风景园林材料、构造、施工、养护技术与应用；

③ 风景园林政策与管理。

这是一个以"技术""管理"为"核心词"的二级学科，作为风景园林遗产保护、规划、设计、生态修复、建设、养护实现的手段。信息技术包括遥感、地理信息系统、全球卫星定位、计算机多媒体、景观模拟等技术的应用；政策与管理涉及一系列有关风景园林保护、修复、建设、养护的法律、法规、条例、规范。

1.2.5　风景园林相关学科

与本专业相关的有 7 个学科门类 21 个学科，即：哲学门类中的哲学；历史学门类中的考古学、中国史、世界史；理学门类中的地理学、地质学、生物学、生态学；工学门类中的计算机科学与技术、建筑学、土木工程、水利工程、测绘科学与技术、环境科学与工程、城乡规划学；农学门类中的园艺学、林学；管理学门类中的公共管理；艺术学门类中的艺术学理论、美术学、设计学。其中关系密切的一级学科有建筑学、城乡规划学和生态学。

（1）建筑学

建筑学是一门横跨人文、艺术和工程技术的学科。主要研究建筑物及其空间布局，为人的居住、社会和生产活动提供适宜的空间及环境，同时满足人们对其造型的审美要求。建筑学还涉及人的生理、心理和社会行为等多个领域；涉及审美、艺术等领域；涉及建筑结构和构造、建筑材料等多个领域以及室内物理环境控制等领域。

（2）城乡规划学

城乡规划学是一门研究城乡空间与经济社会、生态环境协调发展的复合型学科，主要研究城镇化与区域空间结构、城市与乡村空间布局、城乡社会服务与公共管理、城乡建设物质形态的规划设计等。城乡规划通过对城乡空间资源的合理配置和控制引导，促进国家经济、社会、人口、资源、环境协调发展，保障社会安全、卫生、公平和效率。

（3）生态学

生态学是研究生物与环境间的相互关系的科学，主要研究对象是生物个体、种群和生物群落等。强化科学发现与机理认识，强调多过程、多尺度、多学科综合研究，重视系统模拟与科学预测，提升服务社会需求功能已成为生态学的发展目标，从探求自然的理学走向理学、工程技术与社会科学的结合，实现由认识自然的理论研究向理论与应用并举的跨越。

1.3　全球风景园林重要组织

1.3.1　国际风景园林师联合会

国际风景园林师联合会（International Federation of Landscape Architects，IFLA），1948 年在英国剑桥大学成立，总部设在法国凡尔赛，现有 57 个国家的风景园林学会是其会员。IFLA 是受联合国教科文组织指导的国际风景园林行业影响力最大的国际学术最高组织。2005 年中国风景园林学会正式加入 IFLA，成为代表中国的国家会员。IFLA 每年召开一次全球性年会，轮流在亚太区、美洲区和欧洲区进行。

IFLA 的主要任务是维护全球自然生态系统，推动和发展风景园林事业，为国际风景园林事业的发展提供理论、技术和经验；在全世界，特别是在风景园林事业相对落后的国家和地区，推进风景园林教育和行业标准；通过研究和学术活动，将文化艺术和科学技术应用到风景园林的设计、规划和建设中，使自然环境的平衡不被破坏。

1.3.2 美国风景园林师协会

美国风景园林师协会（American Society of Landscape Architects，ASLA）于 1899 年由数位杰出的美国景观设计师开创成立，现在已有 15000 多名会员。景观设计师负责规划、设计和管理健康、公平、安全、有弹性的环境。该协会的使命是通过倡导、交流、教育和合作来促进风景园林的发展。

1.3.3 中国风景园林学会

（1）成立及发展

中国风景园林学会（Chinese Society of Landscape Architecture，CHSLA）（图 1-8），是由中国风景园林工作者自愿组成，经中华人民共和国民政部正式登记注册的学术性、科普性、非营利性的全国性法人社会团体，是中国科学技术协会和国际风景园林师联合会（IF-LA）成员，挂靠单位是中华人民共和国住房和城乡建设部。1989 年 11 月在杭州正式成立，办事机构设在北京。

图 1-8　中国风景园林学会网站

（2）主要宗旨

组织和团结风景园林工作者，遵守国家法律和法规，遵守社会公德，继承发扬祖国优秀的风景园林传统，吸收世界先进风景园林科学技术，发展风景园林事业，建立并不断完善具有中国特色的风景园林学科体系，提高风景园林行业的科学技术、文化和艺术水平，保护自然和人文遗产资源，建设生态健全、景观优美的人居环境，促进生态文明和人类社会可持续发展。

（3）学科领域

涉及园林、城市绿化、风景名胜和大地景观等领域，主要专业范围包括风景园林历史与理论、历史园林与自然文化遗产保护、园林规划设计、园林建筑、园林工程、园林植物、园囿动物、城市绿地系统、风景名胜区（国家公园）、休疗养胜地、自然保护区规划、城乡生态系统与人居环境、经济与管理等。

目前，本学会有 8 个专业委员会、2 个分会，设有中国园林杂志社和北京中国风景园林规划设计中心两个经济实体，主办《中国园林》等刊物。

1.3.4 欧洲景观设计协会

（1）成立及发展

欧洲景观设计协会（European Foundation for Landscape Architecture，EFLA）于 1919 年 10 月 25 日在比利时注册。它是只面向欧洲地区的风景园林设计学职业组织。欧洲景观设计协会的成员资格对欧盟、欧洲经济区、瑞士以及中欧国家内的国家景观设计师开放。

欧洲景观设计协会包括国家景观设计师协会，属于欧洲经济区的成员。它只承认每个国家的一个国家级协会，这种承认与国际景观设计师协会对各个国家的协会的承认不相同。

（2）主要宗旨

推动欧洲范围内的景观设计学专业发展，向欧盟以及其他欧洲机构进行职业宣传，并且提供一个在专业内外积极宣传景观设计师的信息框架，尤其确保高等级的和可比较的教育与职业实践标准。

1.3.5 澳大利亚风景园林设计师协会

澳大利亚风景园林设计师协会（Australian Institute of Landscape Architects，AILA）是一个非营利的职业机构，以服务其全澳的成员的共同利益为建立宗旨。澳大利亚风景园林设计师协会提供主要的领导、框架和网络，从而有效地管理和集中澳大利亚风景园林设计师的学术能力，用于创造一个更加有意义的、更令人愉快的、公正的和可持续的环境。服务包括倡导、教育、持续的职业发展、交流、环境和社区联络。

AILA 已经建立了澳大利亚的风景园林职业注册委员会，目的是保持最高的可行的职业标准。

1.3.6 欧洲风景园林教育大学联合会

（1）成立及发展

欧洲风景园林教育大学联合会（European Council of Landscape Architecture School，ECLAS）的起源可以追溯到 1919 年，挪威第一个风景园林设计学课程的建立。英国风景园林教育机构于 1970 年建立，随后德国相关组织 Hochschulkonferenz Landschaft 成立。1989年在德国柏林技术大学召开第一届泛欧洲风景园林院校会议，随后的会议于 1990 年在维也纳召开。欧洲风景园林教育院校大会是在德国和维也纳的会议成功举办的背景下促成召开的，首次会议于 1991 年在荷兰的瓦格宁根（Wageningen）召开，此后每年都会有一系列的会议。2000 年在克罗地亚的 Dubrovnik 会议上，欧洲风景园林教育院校大会改名为欧洲风景园林教育大学联合会。

（2）主要宗旨

欧洲风景园林教育大学联合会是一个国际性的、非营利性的组织，其建立是基于科学、文化和教育的目标。ECLAS 认为风景园林设计学既是职业活动，也是学术研究。它包括了城市和乡村、地方和区域范围内的风景园林规划、管理和设计，涉及保护和增强景观以及从现在和将来的人类的利益出发的相关景观价值。

课后思考题

1. 以风景构成的三个要素，对校园中的某一个空间进行风景的创作。

2. 简述世界不同地区园林的起源。

3. 谈谈你对风景园林学及其实践领域的理解。

4. 列举风景园林重要的组织与活动。

5. 列举近现代中国风景园林的发展及代表性作品。

6. 总结近现代世界风景园林的重要历程、代表人物及代表作品。

本章思考与拓展

中国园林历史悠久，蕴含了深刻的思想理念，体现了中国人民自古以来的精神追求。传统的"天人合一"思想体现了"本于自然，高于自然"的设计理念；因地制宜更是体现了情感与自然的结合以及道德观念与自然观的融合。在中国园林的发展过程中，道家思想、儒家思想和佛教文化的融入使得中国园林富有浓厚的文化信息和深远的意境。

参考文献

[美]查尔斯·莫尔，威廉·米歇尔，威廉·图布尔.2012.看风景[M].李斯，译.哈尔滨：北方文艺出版社.

刘滨谊.1990.风景景观概念框架[J].中国园林（3）：42-43.

张述林.1991.风景概念简释[J].中国园林（4）：46-48.

吴静子，王其亨，赵大鹏.2019.基于文字与文献研究的"山水"语词风景审美探源[J].天津大学学报（社会科学版），21（5）：446-453.

刘南威，郭有立，张争胜.2009.综合自然地理学[M].北京：科学出版社.

张海.2010.景观考古学——理论、方法与实践[J].南方文物（4）：8-17

肖笃宁.1999.论现代景观科学的形成与发展[J].地理科学（4）：379-384.

俞孔坚.1987.论景观概念及其研究的发展[J].北京林业大学学报（4）：433-439.

景贵和.1986.土地生态评价与土地生态设计[J].地理学报（1）：1-7.

贺红士，肖笃宁.1990.景观生态——一种综合整体思想的发展[J].应用生态学报（3）：264-269.

第2章　近现代风景园林发展与成果

本章的重点与难点

重点：了解世界近现代风景园林发展历程。

难点：掌握近现代风景园林流派代表作。

导言

工业革命的发展，让人与自然的关系发生了巨大的变化，由崇尚自然、改造自然、掠夺自然，最后回归到尊重自然。18世纪，英国的部分皇家园林对公众开放，随后欧洲各国相继效仿。19世纪末、20世纪初，由于社会的巨大变革，文化艺术领域蓬勃发展，西方风景园林开始摆脱传统的模式，探索新的道路，现代风景园林得到了前所未有的发展。图2-1为法国普罗旺斯塞南克修道院。

图 2-1　法国普罗旺斯塞南克修道院

2.1 近现代风景园林发展简介

17世纪中叶，英国爆发了资产阶级革命，武装推翻了封建王朝，建立起土地贵族与大资产阶级联盟的君主立宪政权，宣告资本主义社会制度的诞生。不久，法国也爆发了资产阶级革命，继而革命的浪潮席卷全欧洲。在"自由、平等、博爱"的口号下，新兴的资产阶级没收了封建领主及皇室的财产，把大大小小的宫苑和私园都向公众开放，并统称为"公园"。1843年，英国利物浦市动用税收建造了公众可免费使用的伯肯海德公园，标志着第一个城市公园正式诞生。至此，18世纪后半叶至19世纪初，城市公园出现，如英、法等国的肯辛顿宫、摄政公园、蒙梭公园、蒙苏里公园等。

2.1.1 奥姆斯特德与城市公园运动

2.1.1.1 唐宁将"Landscape Gardening"引入美国

唐宁（Andrew Jakeson Downing，1815—1852，美国），园艺师、建筑师、造园师、理论家，将风景园林引入美国，当时造园事业称为"Landscape Gardening"。唐宁是欧洲园林传承到美国的重要环节人物，他是美国景观园林艺术的奠基者，也是美国民主与文化品位的缔造者。唐宁在19世纪中叶为美国创造了景观园林艺术，成为简洁、自然、永恒的自然主义风格流派的伟大代表，写有名著《论造园技术》（1841年），设计了白宫和美国国会场地，被誉为美国景观园林的鼻祖（图2-2）。

图 2-2　安德鲁·杰克逊·唐宁

1841 年，26 岁的唐宁发表了他的第一篇独立著作《园林的理论与实践概要》，这篇论著是美国景观园林发展史中进行美学意义探索的第一次真正尝试。正因为是首次尝试，他的基本理论和观点还不是很清晰、成熟，之后他于 1844 年和 1849 年，两次修改他的论著，重新出版。他的这一著作在美国和欧洲都有着普遍的影响力，时至今日，它仍然是这一领域最好的著作之一。

自 1841 年至不幸逝世，唐宁一直致力于编辑以"田园艺术和田园风格"为主题的杂志——《园艺家》；1842 年，唐宁和 Alexander Jackson Davis 合作写了《乡间住宅》，这是一本关于房屋式样的书，其中描述了英国乡间田园式建筑风格和浪漫主义建筑风格相融合的房屋，这些房屋摒弃了唐宁认为的对精神不利的奇特的异国风格，呈现出了简朴的特征；唐宁还建立了果树栽培学会并担任了第一任学会主席，早在 1845 年，他就写过一本关于美国果树的论著《美国的水果和果树》。

（1）唐宁的理论思想

唐宁的景观园林理论，很大程度上受到了两个人理论的影响：一位是法国库特弥尔·德·昆西（Antoine-Chrysostome Quatremere de Quincy，1755—1849）的有关模仿学说的理论，库特弥尔终其一生研究并阐述艺术在哲学系统中的统一性；另一位是英国园林大师劳顿（John Claudius Loudon，1783—1843），劳顿对于唐宁的影响更为直接，主要是因为劳顿这位多产的作家和编辑为年轻的美国作家和法国杰出的理论家之间架起了一座桥梁。随着唐宁理论的成熟，他渐渐超出了劳顿的理论范畴，形成了自己独立的理论构想。

在 18 世纪自然派园林出现之前，库特弥尔想要营造自然景象，然而没有比自然本身更合适了，尤其是当人工设计很好地隐蔽在自然景观之中时，即使是设计者的一番匠心巧意，也要很好地隐蔽在自然景观之中。劳顿认为园林是一门与模仿有关的艺术，模仿的对象是自然，造园是品位的体现，也是谋生的方式。因此唐宁在两者的影响下也同样思考，景观园林设计中，应该以什么样的方式去模仿自然。

18~19 世纪，劳顿试图寻找一个理想的方式可以既不使用几何对称图案，又能够鲜明地体现人工特征，这种方式就是大量引进和栽种异国树种，即在一个特定的地区，种植一些与当地树种全然不同的外来树种，在对这些树种的重新安排布置中体现林木本身的自然美。唐宁参考库特弥尔的观点，回应了劳顿这一理论，他在劳顿的"园艺式""如画式""复制式"的分类中加入了"唯美式"。

到 1849 年，唐宁在他论著的第三版中，抛弃了原先奉为神明的劳顿关于对"人工的肯定"的理论，结合美国的实际国情，做了修正和补充拓展，同时也改变了他早期鼓吹的对外来树种引用的观点。他意识到劳顿的思想对于美国这个有着丰富的本土资源的国家而言，是多么的不切实际，在这样一个气候适宜、有着许多天然优势——原生的树林、水等自然景观遍布的地区，无需太多的人工修饰，园林就会呈现出非常宜人的景观效果，同时也更省钱。

（2）唐宁的历史地位及影响

唐宁事实上创造了美国景观园林艺术的整体风格，他坚持简洁、自然、永恒，反对复杂、人造和临时性；他是美国第一个英式风格或自然派风格的伟大代表，这一学派反对意大利、荷兰和法国的人工学派的风格（表 2-1）。

唐宁一生中有许多学生，也是弗雷德里克·劳·奥姆斯特德（Frederick Law Olmsted，1822—1903）的启蒙者，后者是美国景观园林设计中的又一个伟大天才，在唐宁之后，负责了美国纽约中央公园的设计，成为美国城市公园的先驱。

表 2-1 景观园林理论

时间节点	库特弥尔(1755—1849)	劳顿(1783—1843)	唐宁(1815—1852)
18世纪自然派园林出现之前	想要营造自然景象	造园是品位的体现,也是谋生的方式	思考在景观园林设计中,应该以什么样的方式去模仿自然
18~19世纪		希望不使用几何对称图案,又能够鲜明地体现人工特征	在劳顿的"园艺式""如画式""复制式"的分类中加入了"唯美式"
1849年			抛弃了"人工的肯定"的理论

（3）唐宁的代表性作品

◆ 大理石拱门——在宾夕法尼亚大道尽头的一座巨大的大理石拱门,它被作为林荫道的入口,另一座位于国会大厦的那一端。

◆ 美国总统公园或大道——位于行政大楼后,是一个用作军事演习和节日庆典的地方。

◆ 纪念公园——以当时仍未完成的华盛顿纪念碑为中心而建,这个地区种植美国本地树种。

◆ 常青公园——一座有着所有可以在华盛顿地区生长的常青树种的公园,可以在萧瑟寒冷的冬季和早春时日给国会大厦带来一些颜色和生气。

◆ 史密森公园——普通树种和常青树在这里被精心栽种,用来为城堡增光添彩。

◆ 喷泉公园——在美国植物园的温室外面建起来的一个人工湖和喷泉。

◆ 拉索桥——在 Tiber 河上架起的一座拉索桥,把阅兵场和林荫大道的其他部分连接起来。

2.1.1.2 奥姆斯特德公园体系的辉煌

弗雷德里克·劳·奥姆斯特德（图2-3）是美国19世纪下半叶最著名的规划师和景观设计师,设计覆盖面极广,从公园、城市规划、土地细分,到公共广场、半公共建筑、私人产业等,对美国的城市规划和景观设计具有不可磨灭的影响。

（1）设计的起步——纽约中央公园

约瑟夫·帕克斯顿（Joseph Paxton, 1803—1865）于1847年设计了开放的伯肯海德公园,自此掀起了英国的公园运动,公共风景式公园的观念随后流传到美国。纽约当局于1858年希望设立中央公园,旨在使城市之中有一片可供市民休憩的绿洲。奥姆斯特德与建筑师同伴卡尔弗特·沃克斯（Calvert Vaux, 1824—1895）所做的草地规划赢得了中央公园设计竞赛首奖,开始了他的公园与风景园林设计之路,中央公园也成为风景园林史上里程碑式的设计。奥姆斯特德欣赏伯肯海德公园的曲线道路,不规则的草坪、树群、湖沼等,并将这些内容都用在中央公园的设计中。当时英国流行的田园主义对美国具有深刻的影响,而且继续产生影响直到今日。城市生活的居民喜欢到一个安静、清洁、纯朴的田园

图 2-3 弗雷德里克·劳·奥姆斯特德

环境中休憩，中央公园恰好提供了这一具有浓厚田园风情的场所。这里挖了湖，堆了不高的山，因为造价太高，所以大量地保留了原来的地貌。但在自然式当中也掺杂了整齐式，给人印象深刻的是一个大的树荫道及中央林荫广场，平坦、开旷，四周有足够的树荫，游人最喜欢在树荫下停留，坐在这里只闲看过往的行人都是一种乐趣。中央公园四周在一百年内就围满了街区，在横长 3.5km 的范围内就有 52 个街口，纵长不满 1km 内有 4 个街口，总数有112 个街口对着公园四周的环行路，这样一个狭长形的公园会引起极大的交通矛盾。然而奥姆斯特德却设立了 4 条穿越公园的道路，这四条道路使用了人车分离的思想，将公园里游人走的道路与穿越公园的车道分开，即将车道建于人行道之上，形成立体交通。这四条车道原本是为当时的交通工具马车设计的，但现在却成为穿越公园的汽车道路，足见奥姆斯特德的远见。

（2）设计的成熟——公园体系

1878 年，奥姆斯特德应公园委员会的要求，提出了自己的波士顿公园系统方案，得到高度评价，并被任命为负责整个公园系统建设的风景建筑师。

波士顿公园被波士顿人亲昵地称为"翡翠项链"的公园系统，从波士顿公地到富兰克林公园绵延约 16km，由相互连接的 9 个部分组成（图 2-4）：波士顿公地、公共花园、马省林荫道、滨河绿带、后湾沼泽地、河道景区和奥姆斯特德公园（又称浑河改造工程）、牙买加公园、阿诺德植物园、富兰克林公园。

图 2-4　波士顿公园

奥姆斯特德把大规模的风景式公园看成是舒缓城市压力的精神替代，疲劳的人们在此重振精神之后能够更好地工作。而他的理想则是不同等级和阶层的人都能和平共处，公园为这一设想提供了场地。这是一种绝对民主思想，他和不少同时代的城市思想家一样，以乡村作为解决城市问题的出路，以城乡结合作为手段。所不同的是，奥姆斯特德将乡村、田园、自然融于城市之中，把自然之美景以公园的形式引入城市；而其他思想家如霍华德（Ebenezer Howard，1850—1928）则予城市于乡村和自然之中，使城市与乡村有机结合，生长在自然的怀抱里。

2.1.2 新风格的产生

2.1.2.1 规则与自然的园林形式的争论

从18世纪初风景园林思想萌发之后，有关风景园林规则式与自然式形式的争论从未停止，工艺美术运动的提倡人威廉·莫里斯（William Morris，1834—1896）认为，庭院必须脱离外界，决不可一成不变地照搬自然的变化无常和粗糙不精。1892年，建筑师布鲁姆菲尔德（R. Blomfield）出版了《英国的规则式庭院》，提倡规则式设计。与布鲁姆菲尔德截然相反的，是以鲁滨逊（W. F. Robinson）为代表的强调接近自然形式、更简单的植物设计。双方论战的结果，人们在热衷于建筑式庭院设计的同时，也没有放弃对植物学的兴趣，不仅如此，还将上述两个方面合二为一，这一原则直到今天仍影响着现代的设计。

代表：穆哈尔皇家花园

穆哈尔皇家花园（Mughal Gardens）是英国杰基尔（G. Jekyll，园艺家）与路特恩斯（E. Lutyens，建筑师）于1911—1931年间在印度新德里设计的。美丽的花卉和修剪树木体现了19世纪的传统，交叉的水渠象征着天堂的四条河流。设计师运用现代建筑简洁的三维几何形式，给予了印度伊斯兰园林传统以新的生命。

2.1.2.2 新艺术运动的影响

新艺术运动是19世纪下半叶，起源于英国的一场设计改良运动，又称作艺术与手工艺运动或工艺美术运动（the art & crafts movement）。工业革命以后，大批量工业化生产和维多利亚时期的繁琐装饰两方面同时造成的设计水准急剧下降，导致英国和其他国家的设计家希望能够复兴中世纪的手工艺传统。

新艺术运动的特点：

① 主要强调手工业生产，对机械化的生产十分反对。

② 在装饰上，反对矫揉造作的维多利亚风格和其他各种古典、传统的复兴风格。

③ 主要提倡哥特风格以及其他中世纪风格，讲究简单而朴实的风格。

④ 主张设计的诚实性，反对华丽而没有诚实性的风格。

⑤ 提倡自然主义风格和东方风格。

"新艺术运动"的名字源于萨穆尔·宾（Samuel Bin）（设计师兼艺术品商人）1895年在巴黎开设的一间名为"新艺术之家"的商店，那里陈列的都是按这种风格所设计的产品。新艺术运动影响了建筑、家具、产品和服装设计，以及图案和字体设计（表2-2）。

表2-2 新艺术运动不同领域的成就

领域	主要成就
建筑设计	建筑与室内设计可谓是受"工艺美术运动"影响最早的领域。在建筑与室内设计领域充分体现了工艺美术的影响，具有代表性的有莫里斯的"红屋"，其主要特点是非对称性、功能良好、没有表面粉饰
家具设计	家具设计是"工艺美术运动"影响最大的领域。除了莫里斯的"红屋"以及内部自己设计的家具以外，一些优秀设计师都设计了颇有"工艺美术运动"风格的家具，这些家具简洁、质朴，没有过多的虚饰结构，并注意材料的选择与搭配

领域	主要成就
陶瓷设计	从总体上说,这一时期英国陶瓷设计受东方风格影响比较大。"工艺美术运动"时期的陶瓷设计以小批量生产为主,主要是供陈设与玩赏的艺术陶瓷,陶瓷设计家与制作者们忙于高温釉及窑变等品种的实验。克里斯多夫·德莱赛、马克·马歇尔和科尔曼等人的设计已带有明显的植物有机形态的特点,具有"工艺美术运动"的典型痕迹特征
金属工艺	"工艺美术运动"的金属制品设计很引人注目,它不仅是设计师们表达技术与艺术相结合的思想的一个重要方面,而且更少无用的虚饰,更加富于现代感,具有浓厚的哥特风格特点,造型比较粗重

2.2 中国近现代风景园林发展简介

中国近现代园林可以分为三个主要发展阶段:第一阶段新中国成立前,第二阶段新中国成立到改革开放,第三阶段改革开放至今。中国近现代园林的发展历史,也是中国国家力量发展壮大的过程,中国园林已经从传统私家庭园,发展成为国家建设美好人居环境的重要载体,园林的功能与作用发生了本质的改变。

2.2.1 新中国成立前的中国园林

(1)近代城市公园的兴起

从中国园林发展史来看,"公园"一词属于外来词汇。19世纪中后期,中国也出现了类似西方"公园"特征的公共空间,如黑龙江齐齐哈尔仓西公园(今龙沙公园)和西北边陲的甘肃酒泉公园。

酒泉公园(又名泉湖公园)是以"边防千里,以此别开生面"为由,沿袭固有名胜而建起来的,位于酒泉市东2km处,因园中有酒泉而得名,已有两千多年的历史。园内有清代的"西汉酒泉胜迹"和"汉酒泉古郡"石碑,及左宗棠手书"大地醍醐"匾额(图2-5)。

齐齐哈尔市龙沙公园始建于1904年,是黑龙江省建立最早的公园,因利用城西南部仓库基址,故称仓西公园。1917年改名龙沙公园。"龙沙"泛指塞外之地,取自唐代诗人李白有"将军分虎竹,战士卧龙沙"之句。

图 2-5 泉湖公园

(2)租界园林的产生

租界园林是西方文化强行进入中国而产生的一种具有殖民色彩的"国中国"的园林现象。从园林的形式看,与传统的私家庭院或公共园林并无差异,但实际上反映了园林的主权持有问题,即租界园林是强制性的,是掠夺的结果。

中国的租界园林主要集中在天津、上海、青岛等口岸城市。天津的租界花园共计 10 个，时间跨度从 1880 年的法国海大道花园到 1937 年英国的皇家花园为止。上海的租界公园主要分布在黄浦江至界路一带的英租界、法租界和虹口的美国租界，主要的公园有黄浦公园（1868 年建，图 2-6）、复兴公园（1909 年建）、虹口游乐场（1904 年建，1925 年改称虹口公园），还有极司菲尔公园、汇山公园，并普遍设置儿童公园。

图 2-6　上海黄浦公园旧照

纵观中国这些口岸城市的租界园林，大致有表 2-3 所示的特点。

表 2-3　租界园林的特点

公园选址	多选在城中靠近河、海交通方便的地区，或环境优美的区域。如上海的苏州河、黄浦江沿岸，汉口的长江沿岸，厦门的鼓浪屿，福州的马尾，广州的珠江、黄埔港等地区
公园面积	从数百平方米至数公顷不等，如上海租界的公园最大 20hm² 左右（极司菲尔公园），最小的仅 25m²（如罗勃纳广场小园林）
公园功能	以休闲散步为主，如上海的复兴公园，也有设置专类花园者，如月季园、小岩石园和小动物园
景观特色	具有租界国园林的特征，大多直接从本国移植，表现出各国异彩纷呈的园林风格

（3）侨商园林的建设

侨商园林是广东、福建近代特有的园林形式，以广东分布最为集中。其中以陈慈黉故居为代表，该民居始建于 1910 年，占地面积达 2.54hm²，房屋 506 间，建设跨度近半个世纪，由郎中第、寿康里、善居室及三庐共四组建筑群组合而成，形成四合院式与潮州民居"驷马拖车式"布局形式，建筑四周是广袤的田野，形成了自然的田园风光（图 2-7），史称"近代岭南第一家"。

2.2.2　新中国成立到改革开放期间的中国园林发展

新中国成立以后，我国的园林建设是近代园林的延续，但也具有新中国的特色，在七十多年的园林实践中，经历了"中而新"、苏联经验、绿化祖国、建设美丽乡村的风雨历程。

（1）"中而新"

"中而新"的概念是梁思成先生在 1958 年建设国庆"十大工程"之际提出的。所谓的"中而新"是指设计既要体现中国文化的特色，又要表达新时代的精神，即"传统"与"现代"的关系。"中而新"作为 20 世纪 50 年代末对新时期设计思想的具体总结，体现在多个

图 2-7　陈慈黉故居鸟瞰（引自朱钧珍. 中国近代园林史（上篇）.
北京：中国建筑工业出版社，2012.）

设计理论和方针政策中，包括"社会主义内容、民族形式""古为今用、洋为中用""两条腿走路"等（表2-4）。

表 2-4　中而新的发展

设计理论和方针政策	提出时期	实例
社会主义内容、民族形式	"社会主义内容、民族形式"是1925年斯大林（1879—1953）对苏联文学艺术创作提出的方针，用以反对被视为腐朽、没落的西方资本主义国家的结构主义、立体主义、印象主义等思潮。斯大林在1932年10月又进一步提出"社会主义的现实主义"的创作理论，对"社会主义内容、民族形式"进行补充。这些思想在20世纪50年代初"一边倒"学习苏联时传入中国	中国传统园林最重要的特点之一是"诗情画意"，而表情达意的主要手段是匾题和对联的运用，新园林发展了这种传统。新中国成立后，园名牌匾在"内容"上，出现了人民公园、解放公园、胜利公园、劳动公园、大众公园等；在"形式"上，有的园名借传统书法之形，又出自革命领袖之手，如毛泽东（1893—1976）于1956年为天津人民公园所作的题词仍见于今日公园入口，可谓亦"中"亦"新"（图2-8）
古为今用、洋为中用	1956年4月25~28日，中央政治局扩大会议提出"百花齐放、百家争鸣"的"双百方针"，鼓励学术和艺术创作自由。毛泽东在同年8月24日《同音乐工作者的谈话》一文中进一步提出"古为今用、洋为中用"的方针，延续了"中而新"的精神	20世纪50年代中期，陶然亭公园的游人叹道："逛公园好像遛马路，一马平川的大道两排树。"有的学者评论道："想起从前，起造园林，修建亭榭，引人入胜，端在曲径通幽，花木扶疏，忌的是'一览无余，一目了然'。至于开筑坡塘，掘引细流，是讲究小桥流水、曲曲弯弯。……既然是中国人的公园，就该处处发挥中国建筑风格。既然是中国的风景区，就该标志出民族美术上的特色。"

设计理论和方针政策	提出时期	实例
两条腿走路	"双百运动"鼓励的"中""新"结合的思想	为建造有中国特色的新公园,发动群众挖湖堆山继续成为初创建设的主要手段。上海长风公园建设中挖出的土方形成了湖中三个山岛,颇具"一池三山"的传统形制(图 2-9)

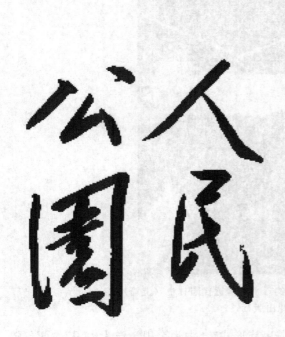

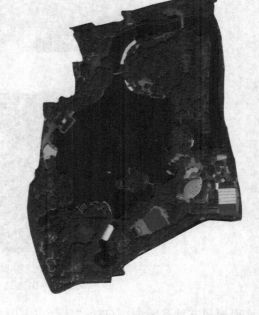

图 2-8　毛泽东为天津人民公园题字　　　　图 2-9　上海长风公园卫星平面图

（2）苏联经验

"苏联经验"是特定历史时期内的产物,主要影响园林绿地的规划设计方法等,体现在城市绿地系统的引入、居住区绿化、文化公园建设等方面,从某种程度上讲,这一时期的园林建设,对完善我国城市绿化体系起到了积极的促进作用。

① 城市绿地系统的引入　相关城市绿地系统理论的引入,使中国传统造园的视野得到扩展,从花园、公园的范畴扩大到对城乡尺度的绿地体系的认识,促进了我国城市绿地系统的分类与建设。1963 年 3 月我国出台的《建筑工程部关于城市园林绿化工作的若干规定》规范了各种城市绿地类型。

② 居住区绿化　新中国成立后除了对"绿化"的强调,逐步认识到"城市与居民区绿化"的重要性。1949 年 11 月,全国城市建设工作会议指出:不要把精力只放在公园的修建上,而忽视了城市的普遍绿化,特别是街坊绿化工作。这是当前城市绿化工作的主要方针和任务。因此,利用住宅街坊内的空余用地开展植树栽花,进行美化绿化。

③ 文化公园　这一时期的文化公园,除具备公园的特征外,文化宣传、教育的功能得到强化。即公园既是城市绿化、美化的一种手段,又是开展社会主义文化、政治教育的阵地;重视了公园的基础设施建设。在文化性的表达上,主要通过保护革命文物、设置主题雕塑、举办科普展览、开展文体活动等加以体现。例如哈尔滨斯大林公园中的"少先队员"群雕（图 2-10）、成都人民公园的"辛亥秋保路死事纪念碑"（图 2-11）。

图 2-10　哈尔滨斯大林公园"少先队员"群雕

图 2-11　成都人民公园"辛亥秋保路死事纪念碑"

（3）绿化祖国

1956 年国家发出"绿化祖国"号召，园林的实践主要是以植树绿化为核心的城市园林营造，受政治、经济、技术等因素的制约，直至改革开放后我国的风景园林建设事业才迎来了飞跃发展（图 2-12）。

"绿化祖国"根本上是一个关于植树造林的大政方针。它源于对农业发展的关怀，而鼓励主要基于乡村大地的植树造林运动。它与风景园林行业的实践目标相比较，是绿化与园林、乡村与城市的关系。

1956 年 11 月的全国城市建设工作会议，明确了城市绿化工作的方针与任务："在国家对城市绿化投资不多的情况下，城市绿化的重点不是先修大公园，而首先是要发展苗圃，普遍植树，增加城市的绿色，逐渐改变城市的气候条件，花钱既少，收效却大。在城市普遍绿化的基础上，在需要和投资可能的条件下，逐步考虑公园的建设。不要把精力只放在公园的修建上，而忽视了城市的普遍绿化，特别是街坊绿化工作。"

"普遍绿化"的概念同时结合"点、线、面"的形态框架——"点"包括公园、小游园等；"线"指行道树、绿带、防护林等；"面"为街坊小区庭园绿地——囊括了丰富多样的绿化类型，与乡村的"四旁绿化"有异曲同工之妙，抑或可视为与农村"四旁绿化"体系对应的城市绿化策略，并确立了"普遍绿化，重点提高"以及"先绿化，后美化""先普及，后提高""先求其有，后求其精"等方针政策，绿化成为了城市的一项基础设施。

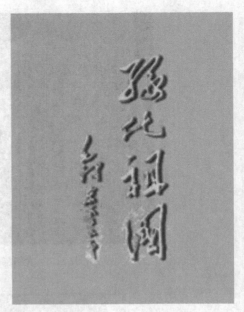

图 2-12　绿化祖国题词

天安门广场绿化是这一时期指导思想下的代表作品。为迎接建国十周年大庆、配合"十大建筑"而建设，首先在人民英雄纪念碑后布置了严整的松林，至 1958 年末，共植松树506 株。1959 年 8 月，中国革命历史博物馆（今天的中国国家博物馆）、人民大会堂建成后，与建筑的内外空间秩序相呼应，分别在建筑物前布置了南北对称的长方形绿地。在广场的两条南北大道旁，松柳并列分行栽植，体现了松柳植于历代宫廷内外、御路通衢的传统。图 2-13 为天安门广场绿化平面图。

图 2-13　天安门广场绿化平面图

（4）园林革命

新中国园林绿化事业在"特定历史"期间，遭受了严重的阻碍，主要表现在以下几个方面。

① 园林绿地被破坏　据不完全统计，至 1975 年底，全国城市园林绿地总面积只有 1959 年的一半，比经济困难的 1962 年还下降了 28％。如北京天坛公园的南洋杉被毁坏；北海公园多年生朱槿牡丹被铲除；北京植物园至 1972 年，4000 多种植物仅剩 300 余种；等等。文物古迹也遭到严重破坏，在"破四旧"中，颐和园长廊上的画楣子被拆，22 座铜佛及 607 座泥佛、木佛、瓷佛被毁；杭州西湖十景的"柳浪闻莺""断桥残雪"等碑刻均遭捣毁……

② 园林绿化结合生产　1958 年 2 月建筑工程部召开的第一次全国城市园林绿化会议首次提出"园林绿化结合生产"的政策是特定政治、经济条件下的产物，其极端化最终消解、否定了园林绿地以绿色植物为主造景的基础，偏离了现代园林绿化建设的主旨。

北京中山公园（图 2-14）进行了一系列"园林绿化结合生产"的布置：中心内坛是"生产"的重点，其东南角为桃树林，中央干道两侧种植山里红树群，其余地块是几片苹果树林；在西坛门外和南坛门外分别沿坛墙双行栽植了金星海棠树和柿子树；果树间种药用植物。南京、杭州、南宁等地也都根据各自条件布置了各种有经济价值的植物。

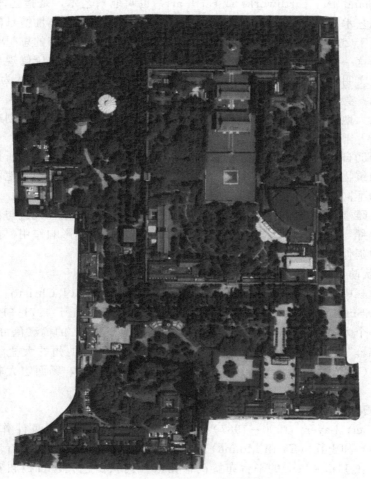

图 2-14　北京中山公园（20 世纪 70 年代）

1986 年 10 月，城乡建设环境保护部城市建设局召开全国城市公园工作会议，正式否定了"园林绿化结合生产"作为园林绿化工作的指导方针。

2.2.3　改革开放以后国家园林城市建设概述

进入 20 世纪，受"绿色生态"思潮的影响，我国提出了创建"国家园林城市"的活动，以促进建设生态健全、具有本土文化特色，融审美、休闲、科教为一体的工作和生活环境。它的前身是钱学森先生提出的"山水城市"，有些类似于欧洲国家提出的"花园城市"。他们都强调城市景观的塑造，犹如绘画一样，用人为的审美情趣来建设城市的一砖一瓦、一草一木。"园林城市"凝聚着中国传统的审美情趣。2019 年国家园林城市系列名单，包括 8 个国家生态园林城市、39 个国家园林城市、72 个国家园林县城、13 个国家园林城镇。"园林城市"是新中国成立以来"城市园林"建设的新模式，更是中国园林悠久历史的新篇章。

2.3　近现代风景园林的流派与作品

2.3.1　大地艺术

大地艺术（land art，earthworks 或 earth art）也叫地景艺术，是指艺术家以大自然作为创造媒体，把艺术与大自然有机结合，创造出的一种富有艺术整体性情景的视觉化艺术形式。大地艺术始于 20 世纪 60 年代的美国，最初是受极简主义雕塑家的思想和作品的影响逐渐产生和形成。这一时期一些艺术家开始走出画廊和都市，他们普遍厌倦现代都市生活和高度标准化的工业文明，视之为现代文明堕落的标志，主张返回自然，并认为埃及的金字塔、史前的巨石建筑、美洲的古墓、禅宗石寺塔才是人类文明的精华，才具有人与自然亲密无间的联系；他们以大地作为艺术创作的对象，在沙漠、海滩、堤岸、荒野中创造一种超大尺度的景观艺术。

大地艺术借助自然的变化，利用现有的场所，并通过给自然现有的场所加入各种各样的人造物和临时构筑物，完全改变了场所的特征，为人们提供了体验和理解他们原本熟悉的平凡无趣的空间的不同方式。

大地艺术是雕塑与景观设计的交叉艺术，它的叙述性、象征性、人造与自然的关系以及对自然的神秘崇拜，都对当代风景园林的发展起到了不可忽略的影响作用，促进了现代风景园林一个方向的延伸。

2.3.1.1　螺旋状防波堤与山谷帷幕

在大地艺术家中，尤以定居美国的保加利亚人克里斯托（J. Christo）和美国的罗伯特·史密森（R. Smithson，1938—1973）等最为著名。克里斯托于 1971—1972 年，在美国科罗拉多州的一个大河谷之间，搭起了长达 381m、高 80～130m 的橘红色帷幕，蔚为壮观，被称为"山谷帷幕"（图 2-15）。罗伯特·史密森也曾在美国犹他州的大盐湖上用砂石筑起了直径为 160ft（1ft=0.3048m）、长 1500ft 的"螺旋状防波堤"，场面宏大壮观，令人震撼（图 2-16）。

2.3.1.2　大理石园与土丘

拜耶（Herbert Bayer，1900—1987）为亚斯草原旅馆设计了两件作品：大理石园（Marble Garden）和土丘（Earth Mound）（图 2-17）。前者是在废弃的采石场上设立的可以穿越的雕塑群，在 11m×11m 的平台布置高低错落几何状白色大理石板和石块，组成有趣的空间关系，中间设计有一喷泉。后者为一土地作品，直径 12m 的圆形土坝内为下沉草地，布置有一圆形小土丘，以及一块粗糙的岩石。

图 2-15　山谷帷幕

图 2-16　螺旋状防波堤

图 2-17　大理石园与土丘（John Hoge，1982）

2.3.2　生态主义思潮

2.3.2.1　纽约中央公园

　　西方风景园林设计的生态主义思想可以追溯到 18 世纪的英国自然式风景园，其主要原则是：自然是最好的园林设计师。19 世纪初，工业化所带来的污染及城市问题日益显著，人们开始重新思考自然和城市土地利用之间的关系。在这一时期一些重要的思想起到了积极的推动作用。奥姆斯特德——城市公园运动，促进了城市公共绿地空间、国家公园体系的建立（图 2-18）。

图 2-18　纽约中央公园

2.3.2.2　莱茵公园

20 世纪三四十年代，"斯德哥尔摩学派"认为公园应该是满足美学原则、生态原则和社会理想的统一与结合。这个学派理念下的公园考虑对市民生活的影响，公园能打破大量冰冷的城市构筑物，作为一个系统，形成在城市结构中的网络，为市民提供必要的空气和阳光，为每一个社区提供独特的识别特征；公园为各个年龄段的市民提供散步、休息、运动、游戏的消遣空间；公园是一个聚会的场所，可以举行会议、游行、跳舞甚至宗教活动；公园是在现有自然的基础上重新创造的自然与文化的综合体。

"斯德哥尔摩学派"的顶峰时期是 1936—1958 年，该学派的影响是广泛而深远的。同为斯堪的那维亚半岛国家的丹麦和芬兰，有着与瑞典相似的社会、经济、文化状况。由于第二次世界大战中遭到了一定的破坏，发展落后于瑞典。战后，这些国家受"瑞典模式"的影响，也成为高税收高福利国家，"斯德哥尔摩学派"很快在城市公园的发展中占据了主导地位。同时，丹麦的风景园林师在城市广场和建筑庭院等小型园林中又创造了自己的风格，他们的设计概念简单而清晰，其中最著名的设计师是索伦森（C. Th. Sorensen，1893—1979），他善于在平面中使用一些简单几何体的连续图案。

"斯德哥尔摩学派"通过丹麦，又影响到德国等其他一些高福利国家。第二次世界大战后，大批德国年轻的风景园林师到斯堪的那维亚半岛学习，尤其是到丹麦，带回了斯堪的那维亚国家公园设计的思想和手法，通过每两年举办一次"联邦园林展"的方式，到 1995 年在联邦德国的大城市建造了 20 余个城市公园，著名的有慕尼黑的西园（West Park ）和波恩的莱茵公园（Rhein Park ）。

莱茵公园是波恩最大的市内公园，位于莱茵河畔、阿登纳大桥旁，占地面积 160 万平方米，几乎相当于波恩老城繁华闹市区的面积（图 2-19）。

2.3.3　"后现代主义"影响下的风景园林

后现代主义是 20 世纪 60 年代以来在西方出现的具有反西方近现代体系哲学倾向的思潮，哲学和建筑学领域最早出现这一思想。1966 年，美国建筑师罗伯特·文丘里（Robert Venturi，1925—2018）在《建筑的复杂性和矛盾性》一书中提出了与现代主义建筑针锋相对的建筑理论和主张，引起了建筑界的震动和响应。对于什么是后现代主义、什么是后现代主义建筑的主要特征，这一时期人们并无一致的理解。1977 年，英国建筑理论家查尔斯·詹克斯（Charles Jencks）在其著作《后现代建筑语言》（*The Language of Post-modern Architecture*）中对后现代主义的类型和特征进行了总结：历史主义；直接的复古主义；新地方风格；因地制宜；建筑与城市背景相和谐，隐喻和玄学及后现代空间。

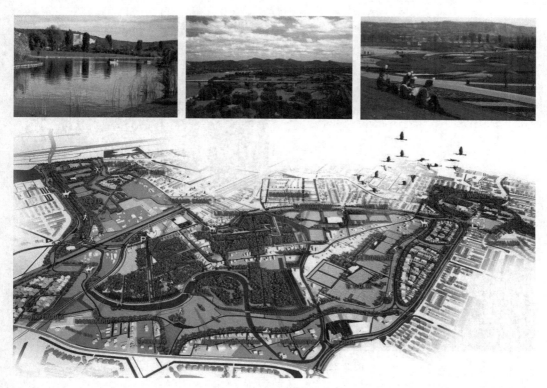

图 2-19　波恩莱茵公园

在后现代主义的思潮影响下，整个 20 世纪 70 年代出现了一大批这样风格的建筑设计、室内设计及风景园林设计。代表作品：美国，罗伯特·文丘里设计的费城富兰克林纪念馆（图 2-20）；美国，查尔斯·摩尔（Charles Moore，1925—1993）设计的新奥尔良意大利广场（图 2-21）；法国，P. Berger、G. Clement、A. Provost、J. P. Viguier、J. F. Jodry 设计的巴黎雪铁龙公园（图 2-22）。

图 2-20　美国费城富兰克林纪念馆

图 2-21　美国新奥尔良意大利广场

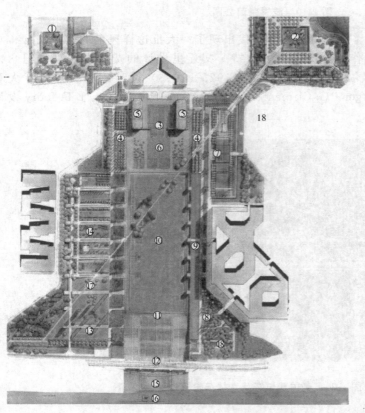

1—白色花园；

2—黑色花园；

3—温室；

4—水廊；

5—广场；

6—植物周柱中庭；

7——系列花园-小温室；

8—花坛；

9—种植百合花的长水道；

10—对角线；

11—苔藓花园；

12—水道的侧面；

13—变形花园；

14—温泉大门；

15—运动中的花园；

16—岩石花园；

17—高架桥；

18—码头

图 2-22　法国巴黎雪铁龙公园

2.3.4 "极简主义"影响下的风景园林

极简主义（minimalism），并不是"简约主义"，它是第二次世界大战之后20世纪60年代兴起的一个艺术派系，称为"Minimal Art"，作为对抽象表现主义的反动而走向极致，以最原初的物自身或形式展示于观者面前为表现方式，让观者自主参与对作品的建构。

瓦尔特·格罗皮乌斯（Walter Gropius，1883—1969）是德国现代建筑师和建筑教育家，现代主义建筑学派的倡导人和奠基人之一，包豪斯（Bauhaus）学校的创办人。格罗皮乌斯积极提倡建筑设计与工艺的统一，艺术与技术的结合，讲究功能、技术和经济效益。他的建筑设计讲究充分的采光和通风，主张按空间的用途、性质、相互关系来合理组织和布局，按人的生理要求、人体尺度来确定空间的最小极限等。

彼德·沃克（Peter Walker），当今美国最具影响力的园林设计师之一，是极简主义园林的代表人物。彼德·沃克于1932年出生在美国加利福尼亚州帕萨德纳市，1955年在加州大学伯克利分校获得了他的风景园林学士学位，曾任哈佛大学设计系主任，美国SWA集团创始人，极简主义园林设计的代表。他的作品具有简洁现代的布局形式、古典的元素、浓重的原始气息和神秘的氛围。这样的设计风格为艺术与园林的结合赋予了全新的含义。

极简主义艺术被彼得·沃克、玛萨·舒瓦茨（Martha Schwartz）等先锋园林设计师运用到他们的设计作品中去，并在当时社会引起了很大的反响和争议。

20世纪80年代中后期的一些作品标志着彼得·沃克极简主义设计风格的成熟，代表作品如1984年的唐纳喷泉、IBM索拉那园区、柏林索尼中心（图2-23）、斯坦福大学詹姆斯·H.克拉克中心（图2-24）等。

图2-23　柏林索尼中心

哈佛大学校园内的唐纳喷泉位于一个交叉路口（图2-25），是一个由159块巨石组成的圆形石阵，所有石块都镶嵌于草地之中，呈不规则排列状。石阵的中央是一座雾喷泉，喷出的水雾弥漫在石头上，喷泉会随着季节和时间而变化，到了冬天则由集中供热系统提供蒸汽，人们在经过或者穿越石阵时，会有强烈的神秘感。唐纳喷泉充分展示了彼得·沃克对于

图 2-24　斯坦福大学詹姆斯·H. 克拉克中心

图 2-25　唐纳喷泉

极简主义手法运用的纯熟。彼得·沃克的极简主义园林顺应了著名建筑师密斯·凡·德罗（Ludwig Mies van der Rohe）的那句名言："少就是多"——简洁的形式中往往却包含了更深刻的意义。彼得·沃克还出版过《极简主义庭园》和《看不见的花园》。

2.3.5　"解构主义"影响下的风景园林

解构主义作为一种设计风格的探索兴起于 20 世纪 80 年代，它的哲学渊源则可以追溯到 1967 年，法国哲学家德里达（Jacques Derrida，1930—2004）基于对语言学中的结构主义的批判，提出了"解构主义"的理论。他的核心理论是对于结构本身的反感，认为符号本身已能够反映真实，对于单独个体的研究比对于整体结构的研究更重要。

解构主义建筑是在 20 世纪 80 年代晚期开始的后现代建筑的发展，它的特别之处为破碎的想法、非线性设计的过程、设计师在结构的表面或（和）明显非欧几里得几何上花点功夫，形成在建筑学设计原则下的变形与移位。解构主义是当时非常新派的艺术思潮，将既定的设计规则加以颠倒，反对形式、功能、结构、经济彼此之间的有机联系，提倡分解、片段、不完整、无中心、持续地变化等，认为设计可以不考虑周围的环境或文脉等，给人一种新奇、不安全的感觉。其中，法国巴黎的拉维莱特公园就是解构主义公园设计的典型作品（图 2-26），由建筑师出身的伯纳德·屈米（Bernard Tschumi）设计。

拉维莱特公园是巴黎为纪念法国大革命 200 周年而建造的九大工程之一，1974 年以前，这里还是一个有着百年历史的大市场，公园在建造之初，它的目标就定为：一个属于 21 世纪的、充满魅力的、独特并且有深刻思想意义的公园。它既要满足人们身体上和精神上的需

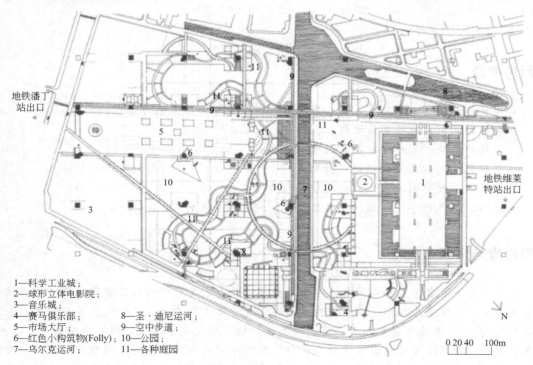

1—科学工业城；
2—球形立体电影院；
3—音乐城；
4—赛马俱乐部；　　　8—圣·迪尼运河；
5—市场大厅；　　　　9—空中步道；
6—红色小构筑物(Folly)；10—公园；
7—乌尔克运河；　　　11—各种庭园

地铁潘丁
站出口

地铁维莱
特站出口

0 20 40　100m

图 2-26　拉维莱特公园

要，同时又是体育运动、娱乐、自然生态、科学文化与艺术等诸多方面相结合的开放性的绿地，并且还要成为各地游人的交流场所。建成后的拉维莱特公园向人们展示了法国的优雅、巴黎的现代和热情奔放。

2.3.6 各流派作品的汇总

见表2-5。

表2-5 各流派作品汇总表

流派	作品名称	设计师	地点	介绍
大地艺术	螺旋形防波堤	罗伯特·史密森	美国犹他州大盐湖	砂石筑起的螺旋形防波堤
	山谷帷幕	克里斯托	美国科罗拉多州	大河谷之间搭起的橘红色帷幕
生态主义	中央公园	奥姆斯特德	美国纽约	城市公共绿地空间
	莱茵公园		德国波恩	波恩最大的市内公园
	新奥尔良市意大利广场	查尔斯·摩尔	美国	美国最有意义的一个广场
	巴黎雪铁龙公园	克莱蒙、贝尔、阿兰·普罗沃斯特、维居尔	法国巴黎	工厂与公园的融合
极简主义	唐纳喷泉	彼得·沃克	美国哈佛大学	水景广场
	柏林索尼中心		德国柏林波茨坦广场	艺术广场
	斯坦福大学詹姆斯·H.克拉克中心		美国	供各学科学生休闲的中心广场
解构主义	拉维莱特公园	伯纳德·屈米	法国	纪念法国大革命200周年

推荐读物

[美]米歇尔·劳瑞.2020.景观设计学概论.张丹，译.天津：天津大学出版社.

顾韩.2020.风景园林概论.北京：化学工业出版社.

课后思考题

1. 以风景构成的三个要素，对校园中的某一个空间进行风景的创作。
2. 简述世界不同地区园林的起源。
3. 谈谈你对风景园林学及其实践领域的理解。
4. 列举风景园林主要的组织与活动。
5. 简述近现代中国风景园林的发展并列举作品。
6. 总结近现代世界风景园林的主要历程、代表人物及作品。

本章思考与拓展

社区作为城市空间的基本单元，承担着与生活关系最为密切的日常服务功能。在当前新时代背景下，社区成为人们追求美好生活、建设美丽家园的起点。"人民城市人民建，人民城市为人民"，人民城市需要人人享有品质生活，切实感受城市温度，拥有归属感、认同感、机遇和舞台。中国城市建设重点逐步由物质、经济空间走向生活空间，城镇化从注重数量到关注质量。从前忽略人群特征差异的千人指标已不能满足人民的使用需求，从居民设施需求出发的生活圈概念更加切合当前发展趋势。

参考文献

蒋淑君.2003. 美国近现代景观园林的风格创造者［EB/OL］.（2003-09-04）［2022-04-25］. www. Landscape. cn/article/ 62714. html.

曹康，林雨庄，焦自美.2005. 奥姆斯特德的规划理念——对公园设计和风景园林规划的超越[J]. 中国园林，21（8）： 37-42.

蒋淑君.2003. 美国近现代景观园林风格的创造者——唐宁[J]. 中国园林，19（4）：5-10.

李泳谕.2012. 新中国城市园林政策的演进历程及启示[J]. 四川林业科技，33（2）：104-107.

李志明，沈洲.2019. 基于科学知识图谱分析的国际园林景观史研究动态——以《园林与设计景观史（1998—2017）》杂志刊 载论文为对象[J]. 中国园林，35（6）：114-119.

王发堂，杨旭帆.2019. 美国品味的缔造者——唐宁景观园艺思想研究[J]. 建筑师（5）：50-55.

赵纪军.2009. 新中国园林政策与建设 60 年回眸（一）"中而新"[J]. 风景园林（1）：102-105.

赵纪军.2009. 新中国园林政策与建设 60 年回眸（二）苏联经验[J]. 风景园林（2）：98-102.

赵纪军.2009. 新中国园林政策与建设 60 年回眸（三）绿化祖国[J]. 风景园林（3）：91-95.

赵纪军.2009. 新中国园林政策与建设 60 年回眸（四）园林革命[J]. 风景园林（5）：75-79.

赵纪军.2009. 新中国园林政策与建设 60 年回眸（五）国家园林城市[J]. 风景园林（6）：88-91.

朱钧珍.2012. 中国近代园林史上篇[M]. 北京：中国建筑工业出版社.

第3章 风景园林环境要素

本章的重点与难点

　　重点：掌握环境要素的基本内容。
　　难点：理解环境要素对风景园林设计的影响。

导言

　　环境从广义上理解，是"包围人类，并对其生活和活动给予各种各样影响的外部条件的总和"，也可定义为"场"，属于人类生存的时空系统。空间是固定的，时间是流动的，物质、能量、信息、精神在此相互交流，形成运动的状态。环境包括自然环境和人文环境。自然环境是不经过人力改造而自然天成的。人文环境是人类创造的非实体的环境，根据政治、经济、文化等人为因素而发展。图3-1为安徽宏村一景色。

图 3-1　安徽宏村

3.1 自然环境要素

自然环境孕育了人类的繁衍生息，在人类发展的历史长河中，人类逐渐用自己的行为改造和改变着自然环境。人类有意识地适应和改造环境的活动，对自然环境的影响在不断地加大。

自然环境是一个复杂的生态系统，主要包括气候、土地、水体、植被等，它们影响着环境（图3-2）。土地对环境景观的地域特色有直接的影响，包括海拔、坡向、坡度以及局部地形、水文状况等。气候主要是通过与人的活动密切相关的日照、温度、通风、降水等因素作用于外部环境。植被是较为重要的景观元素，但它本身也是地形、地貌和气候条件的反映。

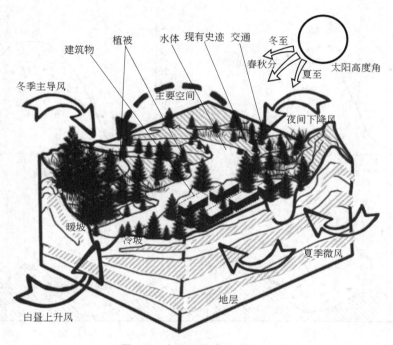

图 3-2 自然环境的影响要素

3.1.1 气候

人类对气候最直接的适应形式就是迁移到最适于人类需要的气候区，尽量利用所在地区中已存在条件。

气候是一个地区在一段时间内各种气象要素特征的总和，它包括极端天气和长期平均天气。传统的气候定义为地球上某一地区多年时段大气的一般状态，是该时段各种天气过程的综合表现。即某一地方地球大气的温度、降水、气压、风、湿度等气候要素在较长时期内的平均值或统计量，以及它们以年为周期的振动。

气候是长时间内气象要素和天气现象的平均或统计状态，时间尺度为月、季、年、数年到数百年以上。气候以冷、暖、干、湿这些特征来衡量，通常由某一时期的平均值和离差值表征。气候的形成主要是由于热量的变化而引起的。

区域气候（或大气候）是一个大面积区域的气象条件和天气模式。大气候受山脉、洋流、盛行风向纬度等自然条件的影响。

小气候是用来描述小范围内的气候变化，是因下垫面性质不同，或人类和生物的活动所造成的小范围内的气候。在很小的尺度内各种气象要素就可以在垂直方向和水平方向上发生显著变化。这种小尺度上的变化由地表的坡度和坡向、土壤类型和土壤湿度、岩石性质、植被类型和高度以及人为因素的变化而引起。一些需要考虑的小气候要素包括空气的流通、雾、霜、太阳辐射、地面辐射以及植被的变化。

3.1.1.1 地形影响微气候

地形上的细微变化也会强烈影响地表的温度，而气温的变化反过来又影响了本地的雾和霜出现的可能性。我们在设计时应注重利用地形或道路强调迎取微风、回避寒风、拥抱阳光，使场地空间充分沐浴在明媚的阳光和温暖的空气中，免受强光刺激，回避闷热的夏日空气以及冬日刺骨的寒风（图3-3、图3-4）。

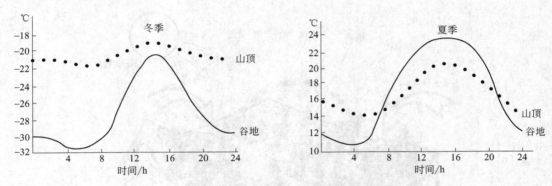

图 3-3　不同地形的气温日变化

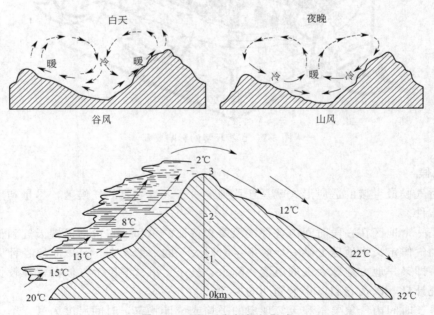

图 3-4　地形对微气候的影响

太阳辐射受坡度和坡向的影响。有研究发现，太阳辐射决定了生态系统的分布、组成和生产力，而且太阳辐射融化积雪，为水循环提供能量，并显著影响农业生产力。

空气流通是新鲜空气在大地景观内的循环,它主要取决于地形和风向。空气流通"对地方气候非常重要,而且,风压和涡流的形成主要取决于地形起伏程度"。在地形的走向与盛行风向相一致的地方,空气的流通程度高。一般认为:地形起伏越大或越显著,迎风坡的风压也就越大,而背风坡形成的涡流也就越强。

3.1.1.2 植被影响微气候

植被与小气候之间以多种方式相互作用、相互影响。空气的流通,霜和雾以及太阳辐射都会受植被的影响(图3-5、图3-6)。

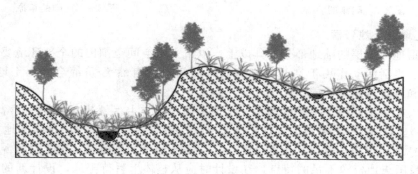

图3-5 植被影响小气候(1)

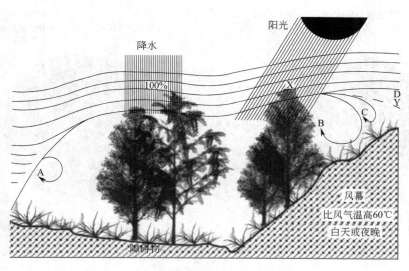

图3-6 植被影响小气候(2)

A—压力涡流;B—吸入涡流;C—由大旋涡形成的弱小的干扰旋涡;D—平均气流之上的小干扰旋涡,
但不包括从C来的强气流;X,Y—干扰旋涡的其余部分和风幕之间的辅助边界

3.1.2 土地

土地是山川之根,是万物之本,是人类衣食父母,是一切财富之源。所有的物华天宝都是土生土长的。土地是人类生存的基础,是地球上所有生物的陆生家园。自然界中的大地在自然规律和时间的磨砺下形成了独特的风景,每一种地形都有自己的特有信息,陡峭的峡谷蕴含危险(图3-7);宽阔的盆地充满魅力;望不到边际的牧场、草原(图3-8)辽阔无垠。

图 3-7 陡峭的峡谷

图 3-8 辽阔的草原

3.1.2.1 土地及土地资源

土地是指地球表层的陆地部分及其以上、以下一定空间范围内的全部环境要素，以及人类社会生产、生活活动作用于空间的某些结果所组成的自然-经济综合体。土地具有养育、承载、仓储和景观等基本功能。

土地是人类生活和生产活动的舞台，土地资源是人类生存最基本的自然资源。我国占地960 万平方公里，人口 14 亿多，人均土地面积不足世界平均的 1/3。我国土地资源不尽合理，耕地、林地比重小，难以利用的比重大，后备土地资源不足是我国土地资源的特点（图3-9）。基于我国土地资源不足的特点，在设计时应从整体上看待土地，设计新的保护、保存或必要的开发利用模式，合理地利用每一宽阔的地域，形成合理的系统。

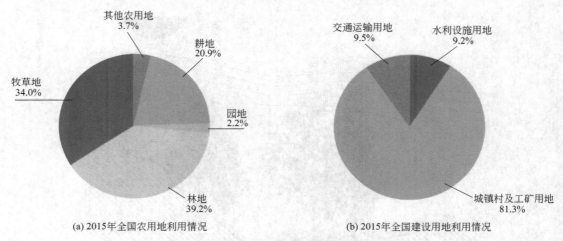

(a) 2015年全国农用地利用情况   (b) 2015年全国建设用地利用情况

图 3-9 我国土地资源利用现状

3.1.2.2 城市用地分类

为统筹城乡发展，集约节约、科学合理地利用土地资源，依据《中华人民共和国城乡规划法》的要求制定《城市用地分类与规划建设用地标准》（GB 50137—2011）。

（1）城乡用地（town and country land） 指市（县）域范围内所有土地，包括建设用地与非建设用地。建设用地包括城乡居民点建设用地、区域交通设施用地、区域公用设施用地、特殊用地、采矿用地等，非建设用地包括水域、农林用地以及其他非建设用地等。城乡用地分类包括建设用地（H）和非建设用地（E）两大类。

（2）城市建设用地（urban development land） 指城市和县人民政府所在地镇内的居住用地（R）、公共管理与公共服务用地（A）、商业服务业设施用地（B）、工业用地（M）、物流仓储用地（W）、交通设施用地（S）、公用设施用地（U）、绿地（G）。城市建设用地规模指上述用地之和，单位为公顷（hm²）。

3.1.2.3　土地对风景园林设计的影响

土地的自然属性决定其利用方式，通过规划、利用和管理，让每一处土地景观发挥它的特性和潜力。在设计前期对土地现状资源的调查分析是对场地合理规划的基础。在风景园林设计前期对土地资源的调查包括如表 3-1 所示的三方面内容。

表 3-1　土地资源调查内容

地形	地质	土壤
原有场地地形图是最基本的地形资料。需要掌握现有地形的起伏与分布、坡级分布和场地自然排水坡度等。用不同颜色代表不同坡度表示坡级类型（图 3-10）。坡度分析对如何经济合理地安排用地，对分布植被、排水类型和土壤等都有一定作用	对岩石性质、矿物成分、岩层和岩体的产出状态以及矿产资源的赋存状况和分布进行分析	所有的建筑及景观都是建立在土壤的基础之上，在设计之前有必要了解土壤的类型、结构；土壤 pH 值、有机物的含量；土壤的含水量、透水性；土壤的承载力、抗剪切强度、安息角；土壤的冻土层深度、冻土期的长短；土壤受侵蚀状况

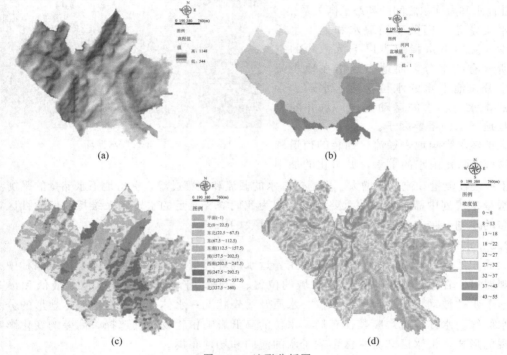

图 3-10　地形分析图

3.1.3　水

水对于任何生命而言，都是必不可少的。园林中的水体景观，对人们产生不可抗拒的吸引力。从涓涓泉水到汹涌的瀑布，从溪流到湖泊，最后流入大海，在一定程度上，我们急不可待地、不自觉地趋向于水边。

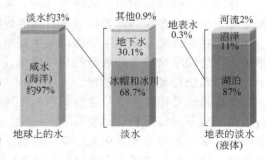

图 3-11　淡水资源的分布

3.1.3.1　水资源

水资源是一种有限的资源。地球上水圈中的水主要是咸水，占总水量的 97%，地球上淡水总量约为 3.5×10^8 亿立方米，是地球总水量的

3%，比较容易开发利用的、与人类生活生产关系最为密切的湖泊、河流和浅层地下淡水资源，只占淡水总储量的 0.3%。如此有限的淡水量以固态、液态和气态几种形式存在于冰川、地下水、地表水和水蒸气中（图 3-11）。对于淡水资源的下降和耗竭，应限制消耗，防止利用优质水源灌溉，提倡废水循环。

淡水存在两大类型的水体：静水水体（湖泊、池塘、沼泽等）和流动水体（泉水、溪水以及河流）。从水文要素分析这一角度出发，水生生态系统的生物化学特征以及淡水水体的类型是非常重要的。

3.1.3.2 水循环

贝马·帕利西早在16世纪就首先解释了泉水由雨水单独补给。他解释了其机理：海水蒸发为水蒸气，水蒸气凝结形成降水，降水渗透到地表面，之后形成了泉水和河流，再流回大海（图3-12）。水循环揭示了空气中的水汽、陆地水和海洋水之间的动态平衡关系。

水文学是一门关于地表水和地下水运动的学科。地下水指地表以下沉积物的空隙中所含有的水分，而地表水指在地表流动的水分。地下水的水位深度、水质、含水层的出水量、水的运动方向、水井的位置都是地下水的重要因子。

人类聚落影响地表径流，铺装的街道和建筑物可以阻止雨水的下渗，城市化的加剧

图 3-12　水循环

造成了地表径流量和流速的增大。应通过降水的截流和土壤过滤，保持地下水储量的平衡。

水量是规划中需要考虑的重要因素，因为我们需要充足的水资源来维持我们的社区，但是过多的水则会带来灾害，而水质也是同样重要的因子。

3.1.3.3 水对风景园林设计的影响

大面积的水域吸引人们的驻足和使用，近水的环境带给人惬意。水体是风景园林中必要的景观要素。在设计的前期应了解水域的位置、范围、平均水深、常水位、最低和最高水位；地下水位波动情况、地下常水位、水质及污染状况；水体处是否有落差；地形的分水线和汇水区等。水体位置影响整体布局，水位的高低影响植物物种的选择，高差的变化影响水体景观的形式，汇水区和分水区影响了水的流向和场地布局。

3.1.4　动植物

在地球上没有生物出现之前是寂静、单调的，生命的出现使地球有了生机和色彩。生物是地球表面有生命物体的总称，是自然界最具活力的组分，它由动物、植物和微生物组成。

动植物和人类是地球生物圈内的主要组成部分，是生态系统平衡的重要因素。这种生态平衡表现为动植物种类和数量的相对稳定，动植物的种类越多、丰度越高，人类对其影响越小，生态系统越复杂、越稳定。

生态系统是指在一个特定空间内的环境，包括非生命的成分（如空气、土壤、水）以及有生命的成分（如植物、动物）。在一个生态系统中，动物和植物形成了一个整体。绿色植物吸收土壤中的养分和太阳光，草食动物、食腐动物、寄生生物和腐生植物以绿色植物为食物来源，同时它们又成为食肉动物的食物，动植物死亡后，它们的躯体开始腐烂，被细菌、真菌和蚯蚓等有机体所消耗，变成了无机的矿物营养物，又被新一轮的植物吸收。一种生物

以另一种生物为食，彼此形成一个以食物连接起来的链锁式的关系叫食物链（图 3-13）。通过食物链，生态系统中的物质和能量在不断地循环流动，保持着整个系统的动态平衡。

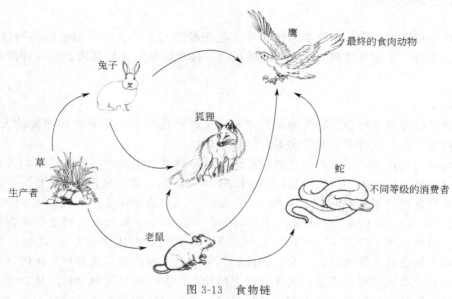

图 3-13　食物链

3.1.4.1　动物

动物与环境的关系较为复杂，每种动物都需要有一定的栖息环境。食物链可以很清楚地向人们展示各种生物是如何利用地区资源的。

动物具有美学价值、药用价值并能用于科学研究，它们能激发艺术家、作家的创作灵感，激起我们对大自然的赞美，保护野生动物最重要的是保护它们的栖息地，不要乱砍滥伐、破坏草坪，不要随意堆放垃圾，不要滥用农药和杀虫剂，保护水源和空气也是保护栖息地的一部分。不要滥捕滥杀野生动物，不参与非法买卖野生动物。

野生动物是指那些除人和家畜之外的动物，包括昆虫、鱼类、两栖类、鸟类和哺乳类等。尽管与作为食物来源地、栖息地的植被单元存在十分密切的联系，但是野生动物通常在不同的地方繁殖后代、寻找食物、休息睡眠。

3.1.4.2　植物

自古以来，植物一直在默默地改善和美化着人类的生活环境。在植物王国里有 7000 多种植物可供人类食用，有不少植物具有神奇的治病效果。绿色植物是生态平衡的支柱，可以净化污水，消除、减弱噪声，耐旱固沙、耐盐碱、耐涝，监测有害气体等的污染。

任何一条食物链归根结底都是以绿色植物为基础的，植物利用太阳能将无机物变成有机物并释放出氧气的独特功能，是生物圈运转的推动力量，是食物链的基础。据调查，林区空气中有较多的负氧离子，吸入人体后，可以调节大脑皮质的兴奋和抑制过程，提高机体免疫能力，并对慢性气管炎、失眠等有疗效。还有许多植物能分泌杀菌素，杀死周围的病菌。

植物是融汇自然空间与建筑空间最为灵活、生动的手段。在建筑空间与山水空间普遍种植花草树木从而把整个园林景观统一在花红柳绿的植物空间中。植物独特的形态和质感能够使建筑物突出的体量与生硬轮廓软化在绿树环绕的自然环境之中。植物与其他事物一样不能脱离环境而单独存在。一方面环境中的温度、水分、光照、土壤、空气等因子对园林植物的生长和发育产生重要的生态作用，另一方面植物对变化的环境也产生各种不同的反应和多种多样的适应性。

3.2 人文环境要素

人文环境可以定义为一定社会系统内外文化变量的函数，文化变量包括共同体的态度、观念、信仰系统、认知环境等。人文环境是社会本体中隐藏的无形环境，是一种潜移默化的民族灵魂。

3.2.1 人口

人口是生活在特定社会、特定地域范围和特定时期内具有一定数量和质量的人的总体。它是一个内容复杂、综合多样社会关系的社会实体。

生活质量的提高带来了人口的迅速增长，直接导致城市生活面临的环境问题。短短的十几年，地球上的人口净增 10 亿，预计在未来 30 年将会翻一番。根据 2021 年 5 月公布的第七次全国人口普查公报数据可知，全国 60 岁及以上人口为 264018766 人，占 18.70％，其中 65 岁及以上人口为 190635280 人，占 13.50％。与 2010 年第六次全国人口普查相比，60岁及以上人口的比重上升 5.44 个百分点，65 岁及以上人口的比重上升 4.63 个百分点。可以说，当前中国已经进入了老龄化社会，因此，如何给老人营造高质量的户外休闲环境已经成为风景园林行业必须面对的课题。关于人口老龄化的问题，风景园林学科应从老年人户外心理需求、行为特征、环境需求等方向，从风景园林规划设计的角度找寻应对方法。

人类的活动已经对地球上的环境造成了重大的影响，这种影响还在继续。Paul Erhlich采用公式 $I = PAT$（即环境影响程度＝人口×富裕程度×技术水平），来表示人口数量、人均消耗率与消耗量的经济效益之间的关系。例如，虽然美国可能拥有比其他国家更为高效、清洁的技术，但它相对富裕的程度引起的高消耗率将会抵消由技术水平产生的效益。相反，虽然中国人口众多，但它相对较低的富裕程度和技术水平则会抵消其大量人口产生的影响。但是，在中、美这两个国家中，环境问题都是非常严重的。

影响人口的因素有以下几种：

3.2.1.1 人口趋势

人口趋势包括人口的数量、空间分布和组成成分的变化。人口趋势是为了获悉规划区人口是如何随着时间而改变的，在许多规划项目中，人口增减都是非常重要的。如果规划的目标是为了促进经济发展，那么规划师为了指导招商计划就需要了解该区域的人口是增加还是减少。如果增长管理是规划的目标，那么多少人在什么时候迁移到该区域的人口趋势就是其中一个指标。如果规划了新的设施，那么人口趋势揭示了对这些设施的需求。

人口趋势也能反映人口从城市到农村、从农村到城市的迁移。另外一个影响人口趋势的要素由变化的要素组成，变化的要素包括出生率、死亡率和迁移率的变化，出生率和死亡率是自然趋势，而人口的迁移则是由就业机会等的改变而引起的。

3.2.1.2 人口特征

人口特征包括年龄、性别、出生、死亡、民族成分、分布、迁移和人口金字塔等方面。研究人口特征是为了了解规划区的使用人群以及带眷人口比例。如果采用增长管理策略，人口密度就显得重要。如果规划需要考虑学校和公园设施，年龄特征就非常重要。

人口密度、分布、带眷系数、劳动力状况等因素在规划中非常重要。人口密度是单位面积土地上居住的人口数，反映某一地区范围内人口疏密程度的指标。通常以每平方千米或每公顷内的常住人口为计算单位。世界上的陆地面积为 14890 万平方千米，以世界 50 亿人口计，平均人口密度为每平方千米 33 人。人口密度这一概念虽然现在应用得比较广泛，它把单位面积的人口数表现得相当清楚。但是，这一概念也有不足之处。例如，它考虑的只是陆地土地的面积，并未考虑土地的质量与土地生产情况。以我国的情况来说，江苏人口的平均密度约为 700 人/平方千米，而西藏的平均人口密度为 2 人/平方千米。中国是世界上人口最多的国家之一。人口密度是人口的一个特征，它取决于整个区域的人口总数与面积的比。

年龄和性别分布也是人口的重要特征，分析这些特征最常见的就是人口金字塔，在人口金字塔中女性的寿命比男性长。种族和民族分布则反映了少数民族的数量和分布特征。一个有用的人口特征是适龄劳动力比例，该比例是劳动力人口占总人口的比重。

3.2.1.3 预测分析

规划师要预测分析谁将居住或者经常使用该规划场地，以便设计必要的供其使用的空间场所或设施。值得指出的是，开发预测在很多情况下，需要根据人口进行开发规划。例如，一个社区如果采用增长管理计划，那么政府主管部门或开发商就要知道需要多少新的公共绿地或公共活动空间来容纳或适应新的使用人群。

在很多情况下，规划师需要根据人口进行开发规划，知道需要多少新住宅和商业设施以容纳新居民，未来开发的规划可以根据人口增长情况进行。

3.2.2 文化与历史

文化是一个非常广泛的概念，给它下一个严格和精确的定义是一件非常困难的事情。不少哲学家、社会学家、人类学家、历史学家和语言学家一直努力，试图从各自学科的角度来界定文化的概念。然而，迄今为止仍没有获得一个公认的、令人满意的定义。据统计，有关"文化"的各种不同的定义至少有二百多种。笼统地说，文化是一种社会现象，是人们长期创造形成的产物。同时又是一种历史现象，是社会历史的积淀物。确切地说，文化是指一个国家或民族的历史、地理、风土人情、传统习俗、生活方式、文学艺术、行为规范、思维方式、价值观念等。

不同国家、不同地域、不同民族、不同城市都有着不同的文化背景与历史脉络，城市园林景观作为城市历史文化内涵的载体，应在以自然生态条件为基础的同时，重视和挖掘历史人文及本土文化，以创新理念塑造出体现本土文化、人文生活环境的景观，将民俗风情、传统文化、历史文物等融合到景观设计中，烘托出城市环境的文化氛围，使地域人文底蕴得到充分的展示与释放，体现出城市特有的人文底蕴，使人感觉到城市色彩的丰富绚丽，品味到城市特有的人文风貌与历史脉络。

3.2.2.1 文化

文化就是人化，即人类通过思考所造成的一切。具体讲，文化是人类在存续发展过程中对外在物质世界和自身精神世界的不断作用及其引起的变化。其有广义和狭义之分，在园林景观设计中引用狭义的概念，是指人们普遍的社会习惯，如衣食住行、风俗习惯、生活方式、行为规范等。

文化的存在依赖于人们创造和运用符号的能力。对于特定的规划区域来说，文脉的延续增添场所的意境与特色，保存其历史的记忆，体现了对历史的尊重。文化的符号化或物质化以及空间或意境使得景观环境极具特色。

3.2.2.2 历史

历史承载见证了场所过去的兴衰和发展足迹。了解历史对于理解一个区域、场所是十分重要的。通常，某些公共图书馆和当地的地方志可能保存了比较完整的发表或未正式发表的地方事件的史实。而一些野史或民间传说往往以口述而非文字的形式得以流传，这些地方历史的原始信息可以通过民间访谈获得。历史信息的获得与否，关系到景观场所的解读与设计倾向，真实的历史有助于人们了解场所的地方精神或文脉，以保持其历史可持续性和地方特色。

了解历史对于理解一个地区是非常重要的，地方历史可以通过访谈或讨论获得。公共图书馆和当地的史学团体经常在他们的档案室保存着非正式发表的地方事件的史料。一旦口头的野史变得流行，通常它们也会被保存在当地图书馆或者史学团体中。

3.2.2.3　文化、历史的认知与表达

直观性的历史信息以贴近历史原貌的景观形式出现，易于给人们带来最为直观的感受。人们通过视觉感官对其形态、色彩、质地等构成要素的认知，能够较快地了解景观的形式内容，形成浅层的直觉感受。

感悟性的文化寓意以一定的抽象环境形象，调动游赏者的审美记忆，促使其在感性认识的基础上，通过思维验证和心理联想等综合判断的过程，最终达到对景观寓意的深层理解与情感共鸣的目的，引导人们把对景观的认知从一般的感性认识的层面升华到理性感悟层面。

历史、文化在园林环境中具有满足人们的怀旧情结、增加城市园林文化内涵、弘扬城市文化价值的作用，可通过保留、借鉴、再现（对原貌片段再现和意象环境再现）、重构、标识（遗迹自身展示性的标识、景观纪念物揭示性的标识）、转化、象征、隐喻等手法进行表达。

3.2.3　经济

经济与生态的英文"economics"和"ecology"都源于希腊文。词根"oikos"意思是"家"。经济学家的研究正是对"人类家园"的考虑。马克思在《资本论》中提出了"经济基础决定上层建筑"。风景园林是经济发展的产物，是一定的社会经济发展状况的产物。经济体制和经济增长方式的转变，将有助于我国风景园林环境建设的快速发展。

城市产业结构直接影响园林环境的建设发展。产业类型、规模及其经济结构和发展状况对于园林环境的规模、数量、布局、品质以及建设质量有很大的限制作用。一般来说，在三大产业中，第一、第二产业对于园林环境的需求远不及第三产业。就城市功能区绿地比例而论，第一、第二、第三产业对于园林绿地的需求分别为10％、20％、35％。传统的以第一、第二产业为主的工业城市，必将导致园林环境建设的停滞发展。

随着城市产业结构的改变，第三产业比重正在不断加大，对风景园林环境的需求必然加大。随着人类对社会环境意识的增强，人们对公共开敞空间和园林环境予以更多的需求和关注。"以环境创造价值"的观念已开始深入人心。在房地产市场中，当住房建造总量达到一定规模，人们自然会将目光投向居住区的环境质量，强调人居功能，并以此为着力点，吸引人们的注意力，拉动房地产、金融市场、建材市场、劳动力市场、物流市场等的投资，形成周边地区集聚和辐射能力，促进区域经济发展。

3.3　景观环境调查与分析

景观环境调查与分析是科学规划设计的重要前提，通过对环境信息的收集与分析，对环境中的景观因子进行评价与评估（图3-14），明确场地建设的适宜性与强度，避免由主观因素导致的错误决策，最大化地实现景观资源的综合效益与可持续性。

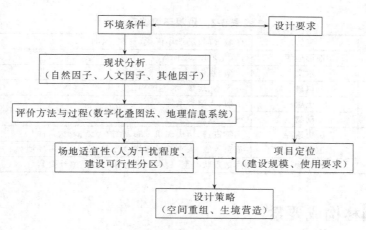

图 3-14　景观环境调查与评估流程

3.3.1　景观环境特征

科学地认识景观环境特征是评价的前提，组成景观环境的风景环境和建成环境均具有空间与生态双重属性。

景观环境可以分为自然环境与建成环境两类。

自然环境在较少或没有人为干扰下属于自然生态系统，景观的变化取决于自然因子的干扰程度，如地形地貌、气候等的影响。自然环境要素是建成环境存在与发展的基础，决定了建成环境的空间发展形态、开发建设强度及景观风貌。

3.3.1.1　自然环境

自然环境生态特征有如下特点：整体性；复杂有序的层级关系；自我修复与更新；动态演替。

3.3.1.2　建成环境

建成环境是人与自然两大生态圈层相互作用结合形成的复杂有机生态系统。建成环境不仅要满足人的生存、发展的基本诉求，同时还需要满足人自身不断提高的心理需求。与自然生态相比，建成环境生态系统不稳定，受人类活动影响，对建成环境生态系统带来很多负面影响。如城市无序的建设会增强城市内部的热岛效应，不透水的城市基底改变了水热分布格局，建筑改变场地的日照条件、通风以及局地气候等，从而影响到建成环境中的自然生态系统。因此，建成环境中的自然因子对场地的生态性具有决定性意义。景观的规划与设计，正是利用科学合理的手段，将环境中的自然因子与人结合，实现其系统效益的最大价值，提高生态系统的维持能力与水平。

建成环境生态特征有如下特点：

① 以人为主体的景观生态单元，即人工化痕迹显著；

② 不稳定性，即系统内不能实现循环、自给自足——生态化设计的趋势；

③ 景观异质性突出，即不同单元所构成的镶嵌体，也表现在空间的异质性上，城市建筑在垂直空间上形成不同高度的界面。

3.3.2　景观环境的调查

场地的调查是对场地环境基础因素的认知过程，是利用现有地形图，结合实地勘察，以实现对环境中不同类型的数据收集以及对其图形化的表达，为场地评价提供齐全的基础资料以及建立相对精确的图纸表达。通常采用统一的图底（表 3-2）。

表 3-2　景观环境调查

自然要素	气候	区域气候、场地小气候(日照、风向等)	
	地形地貌	高程、坡度、坡向等	
	水文	水质、水位、水深、水底基质	
	植被	乔灌木、地被、水生植物	
	土壤	土质、土壤类型等	
	动物	种类、数量	
人工要素	历史遗存	文物古迹、历史建筑分布、保护等级、现状条件	
周边环境	道路交通	道路等级、人车交通流线及流量、出入口、声环境	
	社会	用地现状类型、公共设施分布、规模、避让要素	

3.4　风景园林构成要素

风景园林的构成要素包含自然要素和人工要素,具体来讲就是地形、水体、植物、园路和建筑等。风景园林设计师应合理地组织、灵活地运用各种要素,设计出满足人们需要的不同景观空间。

3.4.1　地形

地形是指地面上各种高低起伏的形状,风景园林用地范围内的峰、峦、谷、湖、潭、溪、瀑等山水地形外貌,是构成风景园林景观的基本骨架,也是整个风景园林赖以存在的基础。按照风景园林设计要求,综合考虑风景园林的各种因素,充分利用原有地形,统筹安排景观设施,对局部地形进行适当改造,使园内与园外在高程上具有合理的关系,构建优美的风景园林景观。

3.4.1.1　地形的作用

建筑、植物、水体等要素常常以地形作为依托,构成起伏变化、丰富多样的风景园林空间。

(1) 分隔空间,营造氛围

利用地形可以有效、自然地划分空间,使之形成不同功能区或景区 (图 3-15),也可以利用许多不同的方式创造和限制外部空间。利用地形划分空间不仅是分隔空间的手段,而且还能获得空间大小对比的艺术效果。平坦的地形由于缺乏垂直限制的平面因素,因此在视觉上感觉缺乏空间限制。而斜坡和地面较高点则能够限制和封闭空间,还能影响一个空间的气氛 (图 3-16)。平坦、起伏平缓的地形能给人以美的享受和轻松感,陡峭、崎岖的地形极易在一个空间中给人造成兴奋的感受。

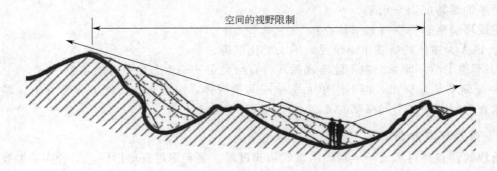

图 3-15　地坪轮廓线对空间的限制

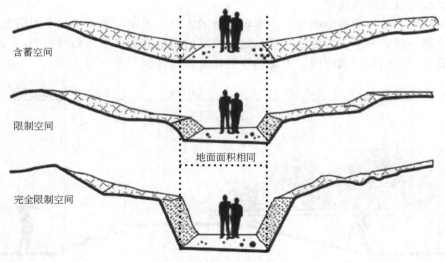

图 3-16   不同地形创造不同的空间限制

（2）控制视线

在景观中，利用地形可以将视线导向某一特定点（图 3-17），影响某一固定点的可视景物和可见范围，形成连续观赏或景观序列。还可以完全封闭通向不悦景物的视线，影响观赏者与所视景物或空间之间的高度和距离关系（图 3-18）。不同的观赏方式都能产生对被观赏景物细微的异样观感，达到一定的艺术效果。

图 3-17   利用地形将视线集中在特定焦点

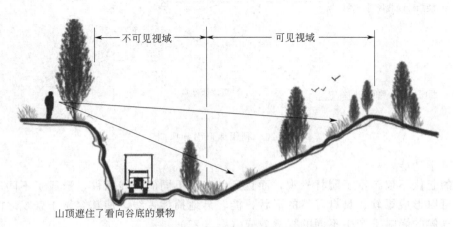

图 3-18   利用地形遮挡景物

（3）影响游览路线和速度

风景园林中，地形能够影响行人和车辆运行的方向、速度和节奏。在平坦的地形上，人们的步伐稳健持续，不需花费什么力气。随着坡度的增加或更多障碍物的出现，人们上下坡时就必须花费更多的力气和时间，中途的停顿休息也就逐渐增多（图3-19）。

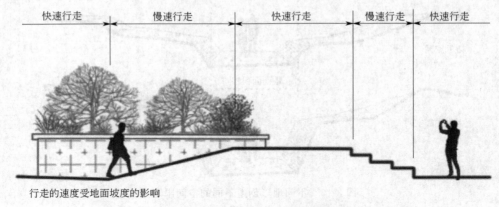

行走的速度受地面坡度的影响

图3-19 地形影响行人的游览速度

（4）改善小气候

地形可以影响园林绿地某一区域的光照、温度、湿度、风速等生态因子。地形在景观中可用于改善小气候。使用朝南的坡向，形成采光聚热的南向坡势，保持温暖宜人的状态。用高差来阻挡刮向某一场所的冬季寒风或用来引导夏季风（图3-20）。

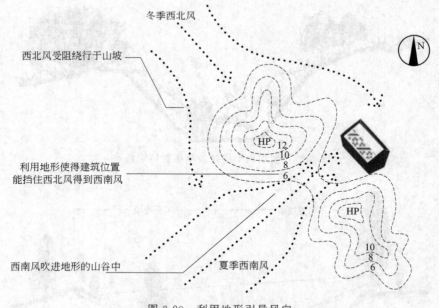

图3-20 利用地形引导风向

（5）美学功能

地形的起伏不仅丰富了园林景观，而且还创造了不同的视线条件，形成了不同风格的空间。地形可以形成柔软、具有美感的形状，能轻易地捕捉视线，使其穿越于景观之间；还能在光照和气候的影响下产生不同的视觉效应（图3-21）。

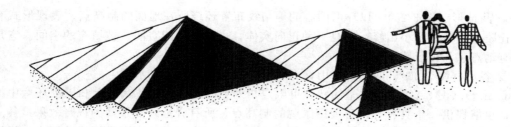

图 3-21　引人注目的地形造型可作为雕塑

3.4.1.2　地形的类型和坡度

（1）地形的类型

风景园林地形主要包括土丘、丘陵、山峦、山峰、凹地、平地、坡地、谷地等类型。

① 平地（图 3-22）　平地在视觉上较为空旷、开阔，没有任何屏障，景观具有强烈的视觉连续性。易组织水面，使空间有虚实变化。设计时，要注意营造植物或建筑等竖向景观，以打破平面景观的单一。

② 坡地（图 3-23）　通过合理组织空间，能够利用坡地使得地形变化丰富，景观特色突出。一般用作种植观赏，提供界面、视线和视点，塑造多级平台，围合空间等。

图 3-22　平地景观

图 3-23　坡地景观

③ 凹地形（图 3-24）　又称为碗状洼，即四周高、中间低，有利于汇水、积水，可养鱼、种植水生植物，面积较大时有利于形成天然湖泊景观。

图 3-24　凹地形景观

图 3-25　凸地形景观

④ 凸地形（图 3-25）　以环形同心的等高线布置环绕所在地面的制高点。表现形式有土丘、丘陵、山峦以及小山峰。它是一种正向实体，也是负向的空间、被填充的空间。它是一种具有动态感和进行感的地形。

⑤ 谷地（图 3-26）　两侧为高山，有利于形成溪流和瀑布、水潭。

⑥ 山脊（图 3-27）　总体呈线状，可限定户外空间边缘，调节其坡上和周围环境中的小气候，也能提供一个具有外倾于周围景观的制高点。所有脊地终点景观的视野效果最佳。它的独特之处在于它的导向性和动势感、能摄取视线并具有沿其长度引导视线的能力，脊地还可以充当分隔物。

图 3-26　谷地景观　　　　　　　　　　　　　　图 3-27　山脊景观

（2）斜面与坡度

通常来说人习惯于水平行走，斜面和坡度都是异常状态，即给人以变化，让其眺望远处，诱发不同的动作，这是斜面的特征。不同的斜面处理营造的景观氛围不同，给人的感觉也会发生变化（图 3-28）。

单调　　　突兀　　　自然美观

图 3-28　不同斜面形成的景观效果

① 风景园林绿地对坡度的要求

a. 平地　指坡度比较平缓的地面，坡度一般为 0～4％ 或 0°～2°。它可作为集散广场、交通广场、草地、建筑等方面的用地，便于开展各种集体性的文体活动，利于人流集散，供游人游览和休息，形成开敞的风景园林景观。

b. 坡地　指倾斜的地面（图 3-29）。根据地面的倾斜角度不同可分为缓坡（坡度在4％～10％ 或 2°～10°）、陡坡（坡度大于 10％ 或10°～20°）。在风景园林绿地中，坡地常见的表现形式有土丘、丘陵、山峦以及小山峰。坡地在景现中可作为焦点物或具有支配地位的要素，还富有一定的感情色彩。上山可以使游人产生对某物或某人更强的尊崇感，如颐和园中万寿

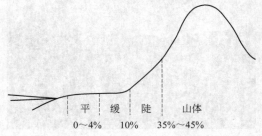

平　缓　陡　　山体

0～4％　　10％　　35％～45％

图 3-29　土壤坡度示意图

山上的佛香阁。

② 极限和常用的坡度范围　见表3-3。

表3-3　极限和常用的坡度范围

内容	极限坡度/%	常用坡度/%	内容	极限坡度/%	常用坡度/%
主要道路	0.5～10	1～8	停车场地	0.5～8	1～5
次要道路	0.5～20	1～12	运动场地	0.5～2	0.5～1.5
服务车道	0.5～15	1～10	游戏场地	1～5	2～3
边道	0.5～12	1～8	平台与广场	0.5～3	1～2
入口道路	0.5～8	1～4	铺装明沟	0.25～100	1～50
步行坡道	≤12	≤8	自然排水沟	0.5～15	2～10
停车坡道	≤20	≤15	铺草坡面	≤50	≤33
台阶	25～50	33～50	种植坡面	≤100	≤50

注：1. 铺草与种植坡面的坡度取决于土壤类型。

2. 需要修整的草地，以25%的坡度为好。

3. 当表面材料滞水能力较差时，坡度的下限可酌情下降。

4. 最大坡度还应考虑当地的气候条件，较寒冷的地区、雨雪较多的地区，坡度上限应相应地降低。

5. 在使用中还应考虑当地的实际情况和有关的标准。

3.4.1.3　自然坡地的应用

适当的地形整理和改造可使土石方工程量达到最低限度，并尽量使土石方就地平衡。如我国古代深山寺庙建筑，就很巧妙地利用峰顶、山腰、山麓富于变化的地形；现代的一些自然风景区、森林公园，无需大兴土木，而是侧重于原有地形的改造，这些都是地形整理和改造的成功范例。

在利用自然坡地时，首先要分析自然的特征，找到好的和坏的因素，最大限度地利用有利条件，减小不利条件，结合周边的景物，形成有特色的景观环境。

丘陵地的造地手法可细分为阶梯形与斜面式两种，都是为了调整水平差的基本形式。阶梯形，将水平差集中在法面（法平面是数学术语，是指过空间曲线的切点，且与切线垂直的平面，简称法面）与垂壁间而确保场地平坦；斜面式，将场地尽量控制为缓坡。

阶梯形没有雨水的排放和防灾的问题，而且地基平坦，可作为建筑的基地，是现在丘陵地开发的主流。相反，斜面式在防灾上、建筑造价方面问题较多。但阶梯形人工痕迹明显，景观生硬；而斜面式可构成起伏丰富的空间，构造舒适的景色，是应该提倡的做法。

自然保存型的丘陵地开发如图3-30。

图3-30　自然保存型的丘陵地开发（郭丽娟　绘）

其中，中腹保存型在挖填地平衡、土地利用等方面问题最少，并且是最容易规划的方法，但如果保存地宽度太狭窄的话，会使生态不安定且景观效果也差。另外，由于不伤害树木的施工方法很难进行，所以须留下适当的宽度。

自然地形的利用，如果地形的坡度与看台相一致，那就是一处非常好的观众席，如利用自然地形而做的看台（图3-31）。

3.4.1.4 自然地形的整理

（1）自然地形的改造原则

地形改造是在原始地形上，在限定的改造范围轮廓线内通过设计等高线或控制点高程来改造原有地形的方式。它的原则是：

图 3-31 地形看台

① 外观自然　风景园林改造之后的地形应该与自然相融合，避免使人产生不真实感，地形改造应力求与自然相和谐之感，使游人自得其乐，才能满足目前游人返璞归真的心理。

② 形态美观　风景园林景观是一件艺术品，因此风景园林中所营造的山水地形应该比自然界的真山真水更为瑰丽雄伟才能满足游人的审美观。

③ 功能性强　随着科学技术的进步，人们逐渐意识到了环境的重要性。人们在观赏风景园林景观的同时也希望其可以起到净化空气、保护环境、恢复生态等功能。

④ 节省经济投入　平地造园往往需要投入大量的人力、物力、财力来挖湖堆山，土方工程量巨大。地形改造应尽量减少挖填的土方量。"就低挖湖，高处堆山"就是一个减少挖土方量的一个有效的方法，并且应该减少土方的外运量，尽量做到挖填土方量在园里的平衡，节省经济投入。

（2）自然地形处理方式

根据风景园林造园需要，对现状山体进行处理有以下四种方式（图 3-32）。

① 保存　开发规划上的自然保存，一般是在水系保存等基础环境的保全以及乡土景观的保存上，在硬质景观和软质景观两方面予以保存。

② 加强　通过堆山来强化地形，达到强化空间高差的效果，可以说是现行的一般手法。局部需要时可以采用，大面积处理时慎用。还可以进一步细分为阶梯形与斜面式两种。

③ 改变　通过山体斜面形式和内容的变化改变原有地形。斜面式是今后必须重点考虑的手法，特别是考虑到丘陵地植物复原的困难程度。

④ 夷平　完全破坏原有自然山体是不经济的处理方式，是不可取的挖补填高（挖平填高），是无视倾斜地有效利用的反面例子，应该予以避免。

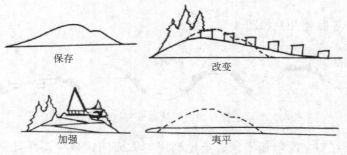

图 3-32 自然地形的处理

3.4.1.5 堆山与置石

中国园林将山石作为风景园林中的主要组成之一，这在世界造园中是颇为突出的。自古就有"以山为骨""片石生情""智者乐山"的说法，表达出人们对山石的感情。

（1）堆山

堆山，又称掇山、叠山，是以天然真山为蓝本，加以艺术提炼和夸张，用人工堆土叠石而塑造的山体形式，人们常称之为"假山"。我国著名的假山有北京北海公园的白塔山、苏州环秀山庄的湖石假山、上海豫园的黄石假山、扬州个园的四季假山等。

堆山设计要点：天然的山因形势不同而突显不同的特征，如泰山稳重、华山险峻、庐山有云雾等。堆山应以自然山水的景观为师，使假山具有真山的意味，达到咫尺山林的效果。

假山造型艺术可以归纳为六个方面：一要有宾主；二要有层次；三要有起伏；四要有来龙去脉；五要有曲折回抱；六要有疏密、虚实。"山不在高，贵有层次；峰岭之胜，在于深秀"，达到"虽由人作，宛自天开"的艺术效果。堆山，平面上要做到有缓有急，在地形各个不同方向以不同坡度延伸，产生不同体态、层次，给人以不同感受。立面上要有主峰、次峰、配峰的安排。主峰、次峰和配峰三者在水平布局上应呈不等边三角形，要远、近、高、低错落有致。作为陪衬的客山峰要和主峰在高度上保持合适的比例，进而实现"横看成岭侧成峰，远近高低各不同"的效果（图3-33）。

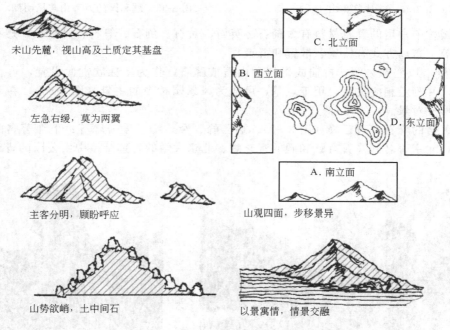

未山先麓，视山高及土质定其基盘

左急右缓，莫为两翼

主客分明，顾盼呼应

山势欲峭，土中间石

C. 北立面

B. 西立面

D. 东立面

A. 南立面

山观四面，步移景异

以景寓情，情景交融

图 3-33　堆山设计

山与水最好能取得联系，使山间有水，水畔有山（图3-34）。体量大的山体与大片的水面，一般以山居北面，水在南面，以山体挡住寒风，使南坡有较好的小气候，如颐和园的万寿山与昆明湖（图3-35）。山坡南缓北陡，便于游人活动和植物的生长。山南向阳面的景物有明快的色彩，如山南有宽阔的水面，则回光倒影，易产生优美的景观。

（2）置石

置石又称点石或理石，是园林中利用石材或仿石材布置成自然露岩景观的造景手法。置石是我国园林中传统的艺术之一，表现山石的个体美，以观赏为主，能够用简单的形式体现较深的意境，达到"寸石生情"的艺术效果，自古便有"无园不石""石配树而华，树配石而坚"之说，可见置石在造园中的作用。置石可用作驳岸、挡土墙、石矶、踏步、护坡、花台，既有造景作用，又具实用功能，可以点缀局部景点，如庭院、墙角、路边、树下及墙角，作为观赏引导和联系空间。

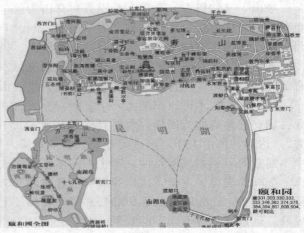

图 3-34　桂林象鼻山　　　　　　　　　图 3-35　颐和园的万寿山与昆明湖

　　风景园林中常用的置石材料有太湖石、英石、黄石、剑石、笋石、灵璧石、蜡石、花岗石和青石等。布局方式有特置、散置和群置。

　　① 特置　以姿态秀丽、古拙或奇特的山石或峰石，作为单独欣赏而设置，可在入口处特置石块，并刻上相应文字，用于点景，可成为风景园林中的主景（图 3-36）。在草坪中的特置石可形成对景。

　　苏州著名的峰石有冠云峰（图 3-37）、岫云峰、朵云峰、瑞云峰等；上海著名的有豫园的玉玲珑；北京著名的峰石有颐和园的青芝岫、北京大学的青莲朵、中山公园的青云片等。

图 3-36　特置石（郭丽娟　摄）　　　　图 3-37　苏州留园的冠云峰

　　② 散置　散置又称为"散点"，是将山石零星布置，所谓"攒三聚五"，有散有聚，有立有卧，或大或小（图 3-38）。散点之石不应零乱散漫或整齐划一，而要有自然的情趣，若断若续，相互连贯，彼此呼应，仿若山岩余脉、山间巨石散落或风化后残存的岩石。常用于园门两侧、廊间、粉墙前、山坡上、桥头、路边等，或点缀建筑，或装点角隅。

　　③ 群置　也称"大散点"，与散点的不同之处是其所在的空间较大，置石材料的体量也较大，而且置石的堆数也较多（图 3-39）。通常是以六七块或更多山石成群布置，石块大小

不等，体形各异，布置时疏密有致，前后错落，左右呼应，高低不一，形成生动自然的石景。如日本东京千代田区国际会议厅，于建筑物间的开放空间内，将石材摆放成圆形，既独立成为景观物件，同时又成为非正式座椅区（图3-40）。

图 3-38　无锡蠡园置石护坡

图 3-39　无锡蠡园置石作驳岸

图 3-40　城市公共空间的置石

堆山置石造景不仅要注重景物精神感受方面的功能，而且更应注意其山石景物的使用与安全要求，立足构景于人、安全可靠的原则，在处理人与景的关系上，要以人的行为活动为主，既要考虑使用与观赏的社会性，积极创造舒适、安闲、有景可赏的条件，又要力求景物坚固耐久、安全，避免对观赏者的心理上和身体上构成侵害的可能，在景物造型和施工中均应慎重行事。

3.4.1.6　地形的表现方式

（1）等高线法

等高线法是地形最基本、最常用的平面表示方法（图3-41）。它是以某个参照水平面为依据，用一系列等距离假想的水平面切割地形后所获得的交线的水平正投影图表示地形的方法。两相邻等高线切面之间的垂直距离称为等高距，水平投影图中两相邻等高线之间的垂直距离称为等高线平距，平距与所选位置有关，是个变值。地形等高线图上只有标注比例尺和等高距后才能解释地形。一般的地形图中只用两种等高线，一种是基本等高线，称为首曲线，常用细实线表示；另一种是每隔 4 根首曲线加粗一根并注上高程的等高线，称为计曲线。有时为了避免混淆，原地形等高线用虚线，设计等高线用实线。

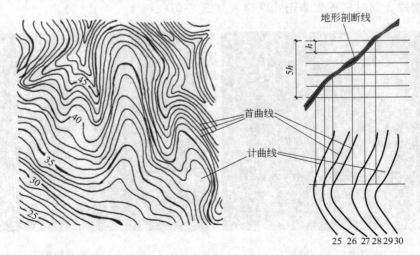

图 3-41　地形等高线图

（2）坡级法

在地形图上，用坡度等级表示地形的陡缓和分布的方法称作坡级法。这种图式方法较直观，便于了解和分析地形，常用于基地现状和坡度分析图中。坡度等级根据等高距的大小、地形的复杂程度以及各种活动内容对坡度的要求进行划分（图 3-42）。

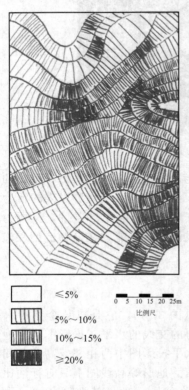

图 3-42　坡级图　　　　　　　　　　　　　　图 3-43　分布法

（3）分布法

分布法是地形的另一种直观表示法，将整个地形的高程划分成间距相等的几个等级，并用单色加以渲染，较淡的色调表示较高的海拔，反之，则表示较低的海拔；当明暗色调层次渐进和均匀时，整个海拔图的外观最佳（图3-43）。地形分布图主要用于表示基地范围内地形变化的程度、地形的分布和走向。

（4）高程标注法

当需表示地形图中某些特殊的地形点时，可用十字或圆点标记这些点，并在标记旁注上该点到参照面的高程，这些点常处于等高线之间，这种地形表示法称为高程标注法。高程标注法适用于标注建筑物的转角、墙体和坡面等顶面和底面的高程，以及地形图中最高和最低等特殊点的高程。因此，场地平整、场地规划等施工图中常用高程标注法（图3-44）。

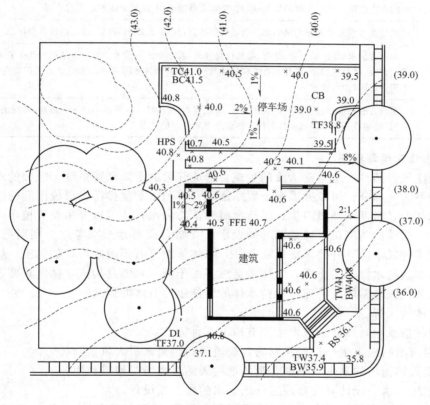

图3-44　地形的高程标注法

（5）模型表示法

模型表示法是地形最直观有效的表示方法，具体可分为建筑材料制作模型法和计算机软件绘制模型法两种。其中制作模型常用的建筑材料有陶土、木板、泡沫、厚纸板或聚苯乙烯塑料等，绘制模型常用的计算机软件有 GIS 和 AutoCAD 等。

3.4.2　水体

山得水而活，树木得水而茂，亭榭得水而媚，空间得水而宽，水体是风景园林的重要构成要素。古今中外的园林，对于水体的运用是非常重视的。它具有灵活、巧于因借等特点，能起到组织空间、协调园景变化的作用，加之人具有天生的亲水性。因此，水景可成为全园的视觉焦点和活动中心。

3.4.2.1 水体的特征

水具有其他风景园林要素无可比拟的审美特性。在风景园林设计中，常常通过对景物的恰当安排，充分体现水体的特征，充分发挥风景园林的魅力，使风景园林具有更大的感染力（表3-4）。

表3-4　水体特征表

水的特点	详细描述
独特的质感	水本身是无色透明的液体，具有其他风景园林要素无法比拟的质感。主要表现在水的"柔"性，与其他风景园林要素相比，山是实，水是虚，山是"刚"，水是"柔"。水独特的质感还表现在水的洁净，水清澈见底而无丝毫的躲藏
丰富的形式	水是无色透明的液体，水本身无形。但其形式却多变，随外界而变。在大自然中，有江、河、湖、海等。水的形态取决于盛水容器的形状，因此，盛水容器的不同，决定了水的形式的不同
多变的形态	水因重力和外界的影响呈现出不同的动静状态，如湖泊、溪涧、喷泉、瀑布四种典型状态
自然的音响	运动着的水，无论是流动、跌落、喷涌还是撞击，都会发出不同的音响。水还可与其他要素结合发出自然的音响，如惊涛拍岸、雨打芭蕉等都是自然赋予人类最自然的音响。水通过人工配置能形成景点，如无锡寄畅园的"八音涧"
虚涵的意境	水具有透明而虚涵的特性。表面清澈，呈现倒影，能带给人亦真亦幻的迷人境界，体现出"天光云影共徘徊"的意境。风景园林中常利用水体营造虚实结合的景观

3.4.2.2 水体应用与组织

水体能使风景园林产生生动活泼的景观，形成开敞的空间和透景线。较大的水面往往是城市河湖水系的一部分，可以开展水上娱乐活动；有利于蓄洪排涝；形成湿润的空气，调节气温；吸收灰尘，有助于环境卫生；供给灌溉和消防用水；还可以养鱼及种植水生植物。从生态、经济、低碳的角度讲，风景园林的大水面要结合原有地形来考虑。利用原有河、湖、低洼沼泽地等挖成水面，并要考虑地质条件，水体下面要有不透水层，如黏土、砂质黏土或岩石层等。如遇透水性大的土质，水体将会渗漏而干涸。水源是构成水体的重要条件，因为水体的蒸发和流失经常需要补充，保持水体的清洁也要有水源调换。

（1）水体的来源

风景园林造景时，水体的来源主要有以下几种方式：

① 利用河湖的地表水　根据河湖的客观地形和距离来引入风景园林中。

② 利用天然涌出的泉水　根据客观场地的天然泉水情况加以利用。

③ 利用地下水　设计时应合理进行地下水的排、灌设计。

④ 人工水源　直接用城市自来水或设深井水泵取水，因费用较大，不宜多用。

（2）水体的类型

① 按水体的状态和功能分类：静态水体和动态水体

静态水体主要指天然湖泊、人工湖和水池等，如杭州西湖、北京颐和园昆明湖、苏州退思园水面及水庭、重庆园博园龙景湖（图3-45）等。

动态水体分为流水、落水、喷水（图3-46）三大类，主要包括河流、溪涧、瀑布和喷泉等。

② 按水体的形式分类：自然式水体和规则式水体

自然式的水体指天然的或模仿天然形状的河湖、溪涧、山泉、瀑布等，水体在园林中多随地形而变化。

图 3-45　重庆园博园龙景湖

图 3-46　喷水——溢泉

规则式的水体指人工开凿成几何形状的水面，如运河、水渠、方潭、圆池、水井及几何形体的喷泉、瀑布等，常与雕塑、山石、花坛等共同组成景致。

③ 按水体的使用功能分类：观赏的水体和开展水上活动的水体

观赏的水体可以较小，主要是为构景之用。水面有波光倒影，又能成为风景透视线，水体可设岛、堤、桥、点石、雕塑、喷泉、水生植物等，岸边可作不同处理，构成不同景色，提高观赏的兴趣。

开展水上活动的水体一般需要有较大的水面、适当的水深、清洁的水质。开展的水上活动有划船、垂钓、游泳和水上冒险活动等。进行水上活动的水体，在风景园林里除了要符合这些活动的要求外，也要注意观赏的要求，使得活动与观赏能配合起来。

（3）水体在园林中的运用

不论是在东方园林还是在西方园林中，水体皆为造景的重要因素之一。水体在自然中的姿态面貌给人以无穷的遐思和艺术的联想，使风景园林产生了生动活泼的美丽景观，并加强了风景园林景观的意境感受。

中国古典园林以自然山水园而著称于世，有"无水不成景"之说。水景的最高艺术手法表现在水体的开合、收放、聚散、曲直均有章法（图 3-47），所谓"收之成渠涧，放之成湖河"，这方面的实例比比皆是。此外，中国传统的理水还表现在水能通过串联形成系统的水系，通过平静的湖面呈现静态之美。水体在园林中的运用见表 3-5。

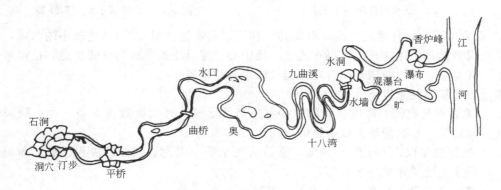

图 3-47　水体的运用

表 3-5　水体在各国园林中的运用

国家	代表园林	特点
中国	古典园林	开合、收放、聚散、曲直均有章法
日本	枯山水园林	没有真正的水体，而是用白沙耙出纹理，代表波涛汹涌的水体，沙中置石代表岛屿
意大利	台地园	台地园中都有瀑布或喷泉，有的还做成"水扶梯"，并用水声成一景
法国	古典园林	采用喷泉、瀑布和大水池的形式，是典型的规则式园林处理水体的方法。也有水体结合地势，形成曲折静谧的水景

3.4.2.3　水体的设计

水体的四种基本设计形式：静水、落水、流水和喷水。水的四种基本形式还反映了水从源头（喷涌的）到过渡的形式（流动的或跌落的）、到终结（平静的）的一般运动趋势。

（1）静水设计

静态的水体能反映出倒影、粼粼的微波、潋滟的水光，给人以明快、清宁、开朗或幽深的感受，适合人们静坐、独处、思考，常以湖、塘、潭、池的形式出现。

① 湖泊　是指陆地上面积较大的水洼地。在风景园林中分为天然湖泊（如杭州西湖、济南大明湖等）和人工湖泊（如北京玉渊潭公园的东湖、西湖和八一湖）两种。湖泊视野开阔，应用也比较广泛，在构图上起着主要的作用。风景园林中的静态湖面，多设置堤、岛、桥、洲等，目的是划分水面，增加水面的层次与景深，扩大空间感，增添风景园林的景致与活动空间，如颐和园昆明湖的十七孔桥既造型优美，丰富了水面景观，又联系了岛屿与岸边（图 3-48）。

图 3-48　颐和园昆明湖十七孔桥　　　　　　图 3-49　自然式水池（郭丽娟　摄）

② 水池　可分为自然式水池（图 3-49）和规则式水池（图 3-50），是较小的水体，比较精致。在风景园林中用途很广，可布置在广场中心、建筑物前方成为视觉焦点，也可布置在绿地中，或与亭、廊、花架等组合在一起，体现自然景象。

水池设计需要注意以下几点：

a. 水池面积与庭园和环境空间面积要有适当的比例，过大则散漫无趣，过小则局促紧张，所以水池的大小要能给人以合适的空间张力；

b. 水池深度多以 50～100cm 为宜，多取人工水源，因此必须设置进水、溢水和泄水的管线，有的水池还要作循环水设施；

c. 规则式水池除池壁外，池底也需人工铺砌；

d. 水池中还可种植水生植物、饲养观赏鱼，设喷泉、灯光，丰富水体景观；

图 3-50　规则式水池　　　　　　　　　图 3-51　IBM 广场大厦和城镇中心公园

e. 水池水面可高于地面，亦可低于地面，应根据环境的需求进行合理的选择。

如彼得·沃克（Peter Walker）设计的美国加利福尼亚州科斯塔梅萨市中心 IBM 广场大厦和城镇中心公园（图 3-51），内部两个完全对称的不锈钢圆形池，结合草地、水、鹅卵石以及立面建筑所用的不锈钢材质，突出各种材质的质感对比。水池反光的"水面"映衬着天空，并因风吹和人的触摸而波光粼动，大石块铺在清浅水池底部，水池既是与自然的对照与结合，也是一种城市旋律。

③ 井　井在风景园林中有许多故事传说，或因水质甘冽等也可成一景。例如镇江焦山公园的东泠泉井（图 3-52）、杭州净慈寺运木古井、杭州四眼井等，还可在井上或井边建亭、台、廊等建筑以丰富景观。

图 3-52　镇江焦山公园的东泠泉井（郭丽娟　摄）　　　　图 3-53　贵州十丈洞瀑布

（2）落水

落水是利用自然水或人工水聚集一处，使水流从高处跌落而形成垂直水带景观，即为落水。在城市风景园林设计中，常以人工模仿自然瀑布来营造落水。落水根据水势高差形成的一种动态水景观，常成为设计焦点，落水面变化丰富，视觉趣味多。落水向下坠落时所产生的水声、水流溅起的水花，都能给人以听觉和视觉的感受。落水也是城市水景中常用的一种营建形式，根据其形式与状态，可分为瀑布、叠水、管流等多种形式。

① 瀑布　具有刺激、恐惧、聆听、观赏、遐想的景观特征和视景效果，往往成为诗情画意的启迪元素。有自然瀑布和人造瀑布之分，自然瀑布指从山体的坚硬岩石或河溪（湖泊）的水道突然降落的地方，近乎垂直而下的水体（图 3-53）。人造瀑布是以自然瀑布为蓝

本，通过工程手段而营造的水景景观（图3-54、图3-55）。

图 3-54　中式庭院人工瀑布

图 3-55　重庆天地人工瀑布

　　自然瀑布一般由上游水源、瀑布口、瀑身、下部水潭和溪流组成。人造瀑布一般由上部蓄水池、溢水堰口、落水段、下部受水池、水泵和连接上下水的管道组成。其中，瀑布口、溢水堰口的形态特征是瀑布景观的决定因素，当然也受水量大小的影响。因此，在瀑布的设计上，可以通过水泵来设计水量，设定溢水堰口的大小，形成预期的瀑布景观。

　　人造瀑布设计要点：上部水池深度应在60cm以上，这样有利于水池表面的水保持稳定。下部水池深度一般在40～100cm为宜，在落水处可适当加深，以减弱水下落时对池底的冲击。受水池的进深应不小于落水高度的2/3，这样落水溅起的水花不易溅到池外。

　　瀑布按其势态分直落式、叠落式、散落式、水帘式、喷射式；按其大小分宽瀑、细瀑、高瀑、短瀑、涧瀑。综合瀑布的大小与势态可形成多种瀑布景观，如直落式高瀑、直落式宽瀑等。

　　② 跌水　是指利用人工构筑物的高差使水由高处往低处跌落而下形成的落水景观（图3-56），在现代风景园林景观中十分常见。跌水的形态分直落式、滑落式和叠落式三种，如水帘、水幕、叠水和水幕墙等。

图 3-56　水帘

图 3-57　溢流

　　③ 溢流　溢流，顾名思义，即池水满盈外流（图3-57）。人工设计的溢流形态取决于水池或容器面积的大小、形状及层次。在合适的环境中，这种垂落的水幕将会产生一种非常有

效的梦幻效果，尤其当水从弧形的边沿落下时经常会产生这种效果。

④ 管流　管流是指水从管状物中流出。这种人工水态主要源于自然乡野的村落，人们常以挖空中心的竹竿引山泉之水，长年不断地流入缸中，作为生活用水的形式。近现代风景园林中则以水泥管道，大者如槽、小者如管，组成丰富多样的管流水景（3-58）。

图 3-58　拉维莱特公园的管流景观　　　　　　　　图 3-59　日式庭院的管流景观

管流的形式十分多样，但最富个性而又最体现自然情趣的以日式水景中的管流景观为代表（图 3-59），它源于自然的、简朴清新而又富有禅思的境界，对东西方园林水景影响较大，并已成为一种较为普遍的庭园装饰水景。

⑤ 壁泉　水从墙壁上顺流而下形成壁泉（图 3-60）。在人工建筑的墙面，结合雕塑设计，不论其凹凸与否，都可形成壁泉，而其水流也不一定都是从上而下，还可设计成具有多种石砌缝隙的墙面，水由墙面的各个缝隙中流出，产生涓涓细流的水景。

图 3-60　壁泉景观　　　　　　　　　　　图 3-61　颐和园的苏州街景区

（3）流水

水流动的形式因幅度、落差、基面以及驳岸的构造等因素，而形成不同的流态。流动的水可以使环境显现出活跃的气氛和充满生机的景象。

① 河流　除去自然形成的河流以外，城市中的流水常设计成较平缓的斜坡或与瀑布等水景相连。流水虽局限于槽沟中，但仍能表现水的动态美。潺潺的流水声与波光粼潋的水面，也给景观带来特别的山林野趣，甚至也可借此形成独特的现代景观。

一般在风景园林水量较大时，如颐和园的苏州街景区（图 3-61），可以采用河流的造景手法，一方面可以使水动起来，另一方面又可以造景，同时又能起到划分空间的作用。在设计时要根据实际情况采用形式多变的手法，如驳岸的高低、宽窄、材料、植物配置等。

② 溪涧　天然溪涧由山间至山麓，集山水而下，至平地时汇集了许多条溪、涧的水量而形成河流。一般溪浅而阔，涧狭而深。在风景园林中如有条件时，可设溪涧。溪涧应左右弯曲，萦回于岩石山林间，或环绕亭榭或穿岩入洞，构成大小不同的水面与宽窄各异的水流（3-62）。溪涧垂直处理应随地形变化，形成跌水和瀑布，落水处则可以成深潭幽谷。

图 3-62　环秀山庄水体

溪流设计要点：

a. 溪流的首尾水位需要一定的高差，以造成不同流速，便于截水成潭或造小型瀑；

b. 溪流水面的宽窄要自然变化（图 3-63），应有分有合，有收有放，宽处可成小池，窄处放入石块，形成湍湍急流；

c. 溪流水深要有深浅变化，浅滩或种水生植物或形成小岛，深处可垂钓、养鱼；

d. 溪流可作为园内水系的纽带，如瀑布水潭-溪流池；

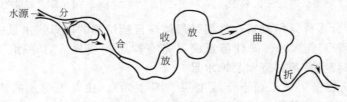

图 3-63　溪流造型

e. 溪流应与园路保持若即若离。

（4）喷水

泉是地下水的自然露头，因水温不同而分冷泉和温泉；又因表现形态不同而分为喷泉、涌泉、溢泉、间歇泉等。

喷泉是水体造景的重要手法之一，常与水池、雕塑同时设计（图 3-64），结合为一体，起装饰和点缀园景的作用。广泛应用于室内外空间，如城市广场、公园、公共建筑（宾馆、商业中心等）、单位主要建筑前或其他风景园林绿地中。

图 3-64　花园中的喷泉

图 3-65　北方冬季喷泉设施的保暖（郭丽娟　摄）

喷泉在现代风景园林中应用非常广泛，其形式有涌泉形、直射形、雪松形、牵牛形、扶桑花形、蒲公英形、雕塑形等。另外，喷泉又可分为一般喷泉、时控喷泉、声控喷泉群、灯光喷泉等。喷泉的位置选择以及布置喷水池周围的环境时，首先要考虑喷泉的主题、形式，要与环境相协调，把喷泉和环境统一考虑，用环境渲染和烘托喷泉，以达到装饰环境、创造意境的效果。在一般情况下，喷泉的位置多设于建筑、广场的轴线焦点或端点处，也可根据环境特点，做一些喷泉小景，自由地装饰室内外的空间。

喷泉一般由进水管、出水口、受水泉池和泄水溪流或泄水管组成。为了便于清洗和在不使用的季节把池水全部放完，池水应直通城市雨水井，亦可结合绿地喷灌或地面洒水，另行设计。在寒冷地区，为防止冬季冻害，所有管道均应有一定坡度，一般不小于2%，冬季将管内的水全部排出，并适当保暖（图3-65）。

3.4.2.4 水体与其他因子的组合

（1）驳岸

驳岸按断面形状分为自然式和整形式两类。大型水体或规则水体常采用整形式直驳岸，用砖、混凝土、石料等砌筑成整形岸壁，而小型水体或景观风景园林中水位稳定的水体常采用自然式山石驳岸。驳岸设计的形式有山石驳岸、假山驳岸、垂直驳岸、木桩驳岸、条石驳岸等（图3-66）。

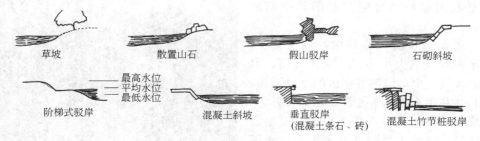

图 3-66 驳岸处理

驳岸不仅是水体的岸线，还关系着水体与周边的环境能不能有机地结合成为一个整体。随着人们环境意识的提升，生态驳岸成为了现代驳岸景观设计中最为常见的岸线处理方式，如土人景观公司设计的台州永宁公园生态驳岸处理，与洪水为友。再如重庆沐仙湖湿地公园的生态驳岸处理，自然成景（图3-67）。生态驳岸可以充分保证河岸

图 3-67 重庆沐仙湖湿地公园生态驳岸

与河流水体之间的水分交换和调节功能，同时又具有一定的抗洪强度。生态驳岸一般可分为以下三种：

① 生态型驳岸　主要采用植物，临水种植白杨、垂柳、水杉、池杉、连翘以及芦苇等具有喜水特性的植物保护堤岸，以保持自然堤岸的特性，这些植物发达的根系可以稳固堤岸，保护河堤。植物设计应尽量采用自然化设计，地被、花草、低矮灌木与高大乔木的层次和组合，应尽量符合水滨自然植被群落的结构特征。

② 自然型驳岸　指驳岸不仅种植植被，还采用天然的滚石、石块、木材等增强堤岸抗洪能力，如在坡脚采用木桩、石块等方式保护水岸基础，基础之上是一定厚度的土堤，再在土堤上种植植被，将乔木、灌木、草本植物相结合，固堤护岸。

③ 人工自然型驳岸　在自然型护堤的基础上，用钢筋混凝土等材料牢固护堤，确保大的抗洪能力，然后在混凝土上面填一定厚度的土，栽种草坪或者灌木。这种驳岸一般用在对防洪能力要求很强的大江大河沿岸。

（2）堤

堤既可将较大的水面分隔成不同景色的水区，又能作为通道。风景园林中多为直堤，曲堤较少。为避免单调平淡，堤不宜过长。为了便于水上交通和沟通水流，堤上常设桥。如堤长桥多，则桥的大小和形式应有变化。杭州西湖就是利用堤桥岛分隔风景园林空间的（图 3-68）。

图 3-68　杭州西湖的苏堤

堤在水面的位置不宜居中，多在一侧，以便将水面划分成大小不同、主次分明、风景变化的水区。也可以使各水区的水位不同，以闸控制并利用水位的落差设跌水景观。

用堤划分空间，需在堤上植树，以增加分隔的效果。长堤上植物花叶的色彩、水平与垂直的线条，能使景色产生连续的韵律。路旁可设置廊、亭、花架、凳、椅等设施。堤岸有用缓坡或石砌的驳岸，堤身不宜过高，以便使游人接近水面。

（3）岛

岛在风景园林中可以划分水面的空间，使水面形成多种情趣的水域，但水面仍有连续感，同样能增加风景的层次。尤其在较大的水面中，可以打破水面平淡的单调感。岛在水中，四周有开阔的环境，所以是欣赏四周风景的眺望点，又是被四周所眺望的景点，还可以在水面起障景的作用。岛屿还能增加风景园林活动的内容，活跃气氛。

水中设岛忌居中，一般多在水面的一侧，以便使水面有大片完整的感觉。或按障景的要求，考虑岛的位置。岛的数量不宜过多，须视水面的大小及造景的要求而定。我国古典园林有"一池三山"之说，在颐和园、北海公园、承德避暑山庄、杭州西湖都有应用。岛的形状切忌雷同。岛的大小与水面大小应成适当的比例。一般岛的面积宁小勿大，可使水面显得大些。岛小便于灵活安排，岛上可建亭、立石和种植树木，取得小中见大的效果。岛大可安排建筑、叠山和开池引水，以丰富岛的景观。

（4）桥

水面的分隔及两岸的联系常用桥。桥能使水面隔而不断，一般均建于水面狭窄的地方。但不宜将水面分为平均的两块，仍需保持大片水面的完整。

① 桥的形式　桥的形式有廊桥、曲桥、拱桥（图 3-69）、平桥和亭桥。

图 3-69　杭州西湖

② 桥的布置　应与风景园林的规模及周边的环境相协调。小型风景园林水面不大，为突出小园水面宜聚的特点，可选用体量较小的桥在水池的一隅贴水而建，如 2010 年上海世博园中亩中山水园的福安桥（图 3-70）。桥梁不应过宽过长，桥面以 1～2 人通行的宽度为宜，单跨长在 1～2m。园景较丰富时跨池常采用曲桥，目的是延缓行进速度，增加游人在桥上的逗留时间，以领略到更多的水色湖光，而且因每一曲桥在设计中都考虑了相对应的景物，所以行进中在左右顾盼之间感受到景致的变换，取得步移景异的效果。在风景园林规模较大时或水体较为开阔的地方，可以用堤、桥来分割水面，变幻的造型能够打破水面的单调，而抬高的桥面还可以突出桥梁本身的艺术形象。桥下所留适宜的空间不仅强化了水体的联系，同时还能便于游船的通行。

图 3-70　小型水面的桥梁

图 3-71　现代桥的形式

由于风景园林中的桥梁在功能上具有道路的性质，而造型上又有建筑的特征，因此园桥的设计需要考虑与周围景物的关系（图 3-71）。

（5）水生植物

沿岸有水生植物，常在池中布置莲、睡莲之类的植物，其布置如图 3-72 所示。可用缸、砖石砌成的箱等沉于水底，使植物的根系在缸、箱内生长（图 3-73）。各种水生植物对水位的深度有不同的要求。例如莲花、菱角、睡莲等要求水深 30～100cm 之间；而荸荠、慈姑、水芋、芦苇、千屈菜等要求浅水沼泽地；金鱼藻、苦草等沉于水中；而凤眼莲、小浮萍、满江红等则浮于水面。

在挖掘水池时，即应在水底预留适于水生植物生长深度的部分水底，土壤要为富含腐殖质的黏土。在地下水位高时，也可在水底打深井，利用地下水保持水质的清洁，成为鱼类过冬的自然之所。

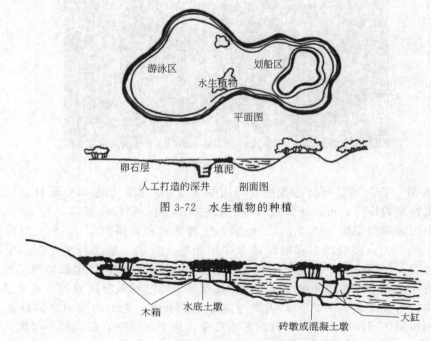

图 3-72　水生植物的种植

图 3-73　沉箱或大缸种植水生植物

3.4.2.5　现代风景园林中对降水的利用

（1）结合现代技术，充分利用水资源营造生态景观

水资源的节约是当下风景园林设计必须关注的重点问题之一，也是风景园林设计师应着力解决的问题。在目前的风景园林环境中，有大量硬质不透水材料的铺装地面，地下水无法得到补给，水资源日益紧缺。因此，有必要结合现代技术，建立雨水平衡系统，充分利用中水处理进行风景园林设计。

① 雨水平衡系统

在城市综合利用可持续性的风景园林设计技术收集、储存和使用雨水，实现雨水利用，可以建立一套有效的雨水平衡系统，即雨水收集→雨水截污→雨水调蓄→雨水净化→雨水系统→雨水利用，雨水可用于景观回用、市政补充用水、回灌地下水、绿化消防或其他节水系统，为城市建设服务。

北海团城是雨水收集利用的成功范例。2012 年 7 月 21 日，北京的一场暴雨夺走了数十人的生命，暴露出城市基础设施建设中的诸多弊端，与此同时，建于 600 多年前的身处暴雨中心的北海团城却未积水，中国古典园林造园家使用的地下集雨排水系统在很大程度上储存了天然降水，并在旱季和雨季之间调节余缺，同时也为团城的植物生长提供良好的环境条件，值得现代风景园林设计师学习与参考（图 3-74、图 3-75）。

美国华盛顿州 Renton 的水园（Waterworks Gardens）同样是雨水收集、水体净化的典范。水园以水池、小径、湿地和植物等，按照艺术与生物净化的设计理念展开园内景观，雨

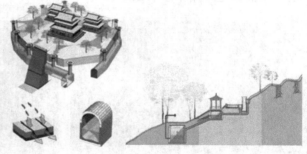

图 3-74　北海团城　　　　　　　　　　图 3-75　北海团城的地下集雨排水系统示意图

水被收集注入 11 个池塘以沉淀污染物，然后释放到下面的湿地，以供给植物、微生物和野生动物。一条小径曲折穿过池塘和湿地后与园外的步行路相联系。艺术家的介入使整个花园有了独特的美感，花园就像一棵繁茂的植物，池塘就像叶片和花，小路恰似植物的茎秆，它们表达出自然系统的自净能力。颗粒状的污染物首先在池塘中沉淀，然后水流到湿地，通过呈带状种植的湿地植物如莎草、灯芯草、黄莺尾、红枝山茱萸等得以完全的过滤。水潺潺流过，途经 5 个种植一些大型开花植物的花园空间，其中还有一个奇妙的岩洞，洞窟的表面镶嵌着彩色的石块和卵石，地面的图案就像巨大的植物，从地下生长到墙上，代表着水通过净化得到的再生（图 3-76）。

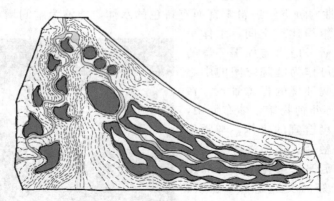

图 3-76　华盛顿州 Renton 的水园

② 中水利用，营造景观

"中水"的概念源于日本，主要指生活和部分工业用水经一定工艺处理后，回用于对水质要求不高的农业灌溉、市政园林绿化、车辆冲洗、建筑内部冲厕、景观用水及工业冷却等方面的水，由于其介于上水（自来水）和下水（污水）之间，故称为中水。中水利用，实现污水资源化，是目前解决水资源紧缺的有效途径，是缺水城市势在必行的重大决策。中水利用与风景园林设计结合是当今城市社区环境规划中体现生态与景观相结合的重要课题，对节约水资源、改善城市环境有重要意义。目前，已经有很多风景园林项目利用中水营造园林景观，获得了很好的反响。如长沙的洋湖湿地公园通过"MSBR（改良式序列间歇反应器）+人工湿地+自然湿地"工艺及中水回用系统，保证出水水质达到地表三类以上标准，每天可为湿地公园提供 2 万吨景观用水，为片区提供 2 万吨中水，实现污水资源化利用、零排放。北京大兴的旺兴湖郊野公园内湖水的补充全部是采用小红门污水处理厂处理的中水，园内植被的浇水灌溉也采用中水（图3-77）。

图 3-77 北京大兴的旺兴湖郊野公园
利用中水补充园内湖水

图 3-78 黛秀湖公园水体污染

但由于中水利用设备运行费用高，当园区管理经费不够或对污水处理不彻底时，质量不高的中水会影响风景园林景观。如哈尔滨市首座以"中水"为主题的黛秀湖公园就曾出现中水湖内养鱼，鱼儿大量死亡，湖水变质，水藻大量繁殖的事件（图3-78）。因此中水利用虽好，但还应在经济和技术成熟的条件下，谨慎使用。

（2）发挥水体特点，参与空间组织

利用水的可塑性构筑空间逻辑丰富而有特色的水体，能够为空间增添活跃的气氛和效果，也能够引导和组织建筑空间。水体呈点的形式时，应灵活考虑水与周围环境的尺度关系。点水既可作为庭院空间的中心景观，也可作为庭院环境的标志景点。在贝聿铭先生设计的苏州博物馆整体布局中，新馆巧妙地借助尺度合宜的水体，与紧邻的拙政园、忠王府融会贯通，将各类风景园林构成要素穿插起来，柔化了生硬的建筑材料，并形成良好的交通组织，建筑、山石与水体相映成趣（图3-79）。

图 3-79 苏州博物馆

水体呈线性时，往往具有一定的方向性，从而可以引导人的视线，步移景异，体现了风景建筑空间的序列。设计中还可利用线状水体来组织空间的韵律和节奏，利用水体的宽窄、岸线的曲直和水体的不同形态求得变化，形成开端、发展、高潮和结尾的丰富空间层次。通过线状的水将不同的风景建筑及空间灵活相连，这样就起到了脉络的作用。如无锡寄畅园及苏州拙政园、留园都是利用水体的线性形式组织空间。

水体呈面的形式时，一般作为背景将风景建筑及景观衬托出来，这时建筑群体包裹水体或被水体托付。建筑可以以水面为中心布局，建筑环水而建，通过水面的向心性被连接到一起，使得建筑之间关系拓扑有机，耐人寻味。总之，水景空间的设计，首先基于功能和空间逻辑，在此基础上再从体量、尺度等环境点具体考量；研究水位与地形的关系，使岸线优美，与用地建筑、植物和小品完美配合。

（3）利用水体，体现地域文脉特色

水是文化的起源，世界上的文明古国大多是在江河流域诞生的。一片引人入胜的水面无论置身其中抑或极目远眺，都会愉悦人的身心。中国古典园林中对水的处理从形到意，追求自然韵味，满足了生产和生活的需要，促进了生态、人文的有机聚落的建立。

由于传统文化的渗透，水作为一种文化的载体而具有了人文的内涵，这一点使水要素在风景园林中的应用增加了人文的色彩。安徽黟县宏村的水系是成功利用水体的典范，传递着从功能到形式、从历史到文化的意义。山因水青，古宏村人为防火灌田，独运匠心开仿生学之先河，建造出堪称"中国一绝"的人工水系。九曲十弯的水圳是"牛肠"，傍泉眼挖掘的月沼是"牛胃"，南湖是"牛肚"，"牛肠"两旁民居建筑为"牛身"。这种别出心裁的科学水系设计，不仅为村民解决了消防用水，而且调节了气温，为居民生产、生活用水提供了方便，创造了一种"浣汲未防溪路远，家家门前有清泉"的良好环境，同时也体现了历史的传承和广博深邃的文化底蕴。

（4）以人为本，充分考虑人的亲水性

人是向往水的，设计中应体现人与水最适合的关系，充分考虑人的亲水性。现代风景园林常用以下几种方式满足人们的亲水性。

① 可以通过水景本身的活跃性，让人们参与到水景中，如旱地喷泉或音乐喷泉（图3-80）、浅水溪（图3-81）等。能够让儿童、青少年充分与动态水体互动。

② 临水而建的建筑、桥（图3-82）、岛、堤、平台可以适当地迫近水面，让人感觉水面凌波的情趣。如青岛栈桥公园以宽阔的水面作为背景，建筑漂浮其上而产生建筑和水的融合。哈普林设计的美国波特兰大市伊拉·凯勒水景广场的跌水部分可供人们嬉水。在跌水池最外侧的大瀑布的池底到堰口处做了1.1m高的护栏，同时将堰口宽度做成0.6m以确保人们的安全。从路面逐级而下所到达的浮于水面的平台既可作为近观大瀑布的最佳位置，又可成为以大瀑布为背景、以大台阶为看台的舞台，充分体现人与水体环境的融合（图3-83）。再如苏州沧浪亭，一池绿水绕于园外，与园内的假山融为一体，在假山与池水之间，隔着一条复廊，廊壁开有花窗，通过漏景沟通着内山外水，其整体布局充分体现了建筑的亲水性格。

图3-80　旱地喷泉成为活动中心

图3-81　重庆三峡广场的人工流水

图3-82　武汉东湖听涛景区曲桥

③ 临水处可适当安排休息座椅或点景雕塑，丰富风景园林景观（图3-84）。临水的道路应时远时近，视野时收时放，空间流动性强，能够营造不同的空间变化感觉。

图 3-83　美国波特兰大市伊拉·凯勒水景广场　　　　　图 3-84　亲水性的雕塑（郭丽娟　摄）

3.4.2.6　水体的表现方式

水体的表现方式有直接表示法和间接表示法（图3-85）。

（1）直接表示法

① 线条法　可将水面全部用线条均匀布满，也可以局部留空白或局部画线条。线条可采用波纹线、直线或曲线。

② 等深线法　在靠近岸线的水面中，依岸线的曲折做两三根类似等高线的闭合曲线，称为等深线，此法常用于不规则水面。

③ 平涂法　用色彩平涂水面的方法。可类似等深线效果，水岸附近色彩较深，水体中

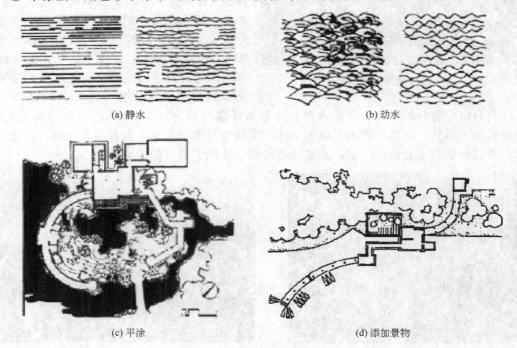

（a）静水　　　　　　　　　　　　　（b）动水

（c）平涂　　　　　　　　　　　　　（d）添加景物

图 3-85　水体的表现方式

部色彩较浅。

（2）间接表示法

添加景物法：一种间接表示水面的方法，它通过与水面相关的景物，如船只、游艇、水生植物（如荷花、睡莲等）或水面上产生的水纹和涟漪，以及石块驳岩、码头等，来间接表示水面。

3.4.3　园路铺装

园路是风景园林不可缺少的构成要素，是风景园林的脉络。不同的园路规划布置反映不同的风景园林面貌和风格。例如，我国苏州古典园林，讲究峰回路转，曲折迂回，而西欧古典园林如凡尔赛宫，则讲究规整、规则，多用平面几何形状。

3.4.3.1　园路的作用

风景园林中的园路是组织和引导游人观赏景物的驻足空间，与建筑、水体、山石、植物等造园要素一起组成丰富多彩的风景园林景观。园路是风景园林的脉络，它的规划布局及走向必须满足该区域使用功能的要求，同时也要与周围环境相协调。风景园林道路除了具有与人行道路相同的交通功能外，还有许多特有的功能。

（1）组织交通　园路同城市道路一样，都具有基本的交通功能，承担着集散人流和车流的作用。在大型公园绿地中，风景园林的日常养护、管理需要使用一定的运输车辆及风景园林机械，因此风景园林的主要道路须对运输车辆及风景园林机械通行能力有所考虑。中、小型风景园林的园务工作量相对较小，则可将这些需求与集散游人的功能综合起来考虑。

（2）游览　因路设景，因路得景，园路是风景园林中各景点联系的重要纽带，使风景园林形成一个在时间和空间上的艺术整体。园路将风景园林的景点、景物进行有机的联系，令园景沿园路展开，能使观光者的游览循序渐进，园路也成为导游线，园路景观像一幅优美的图画，不断呈现在游人面前。

（3）组织空间　具有一定规模的风景园林常被分划出若干各具特色的景区。园路可以用作分隔景区的分界线，同时又通过风景园林道路将各个景区相互联络，使之成为有机的整体。

（4）构成园景　园路蜿蜒起伏的曲线、丰富的寓意、多彩的铺装图案，都给人以美的享受。同时，园路与周围的山体、建筑、花草、树木、石景等物紧密结合，不仅是"因景设路"，而且是"因路得景"。

（5）暗示提醒　园路可以使游人受到心理暗示而按照园路所表达出的特定含义游赏园林景观。如在风景园林绿地中，在园路的某一段采用石碑铺设的方式将刻着历史事件、人物生平或特殊图案的石板当作园路面层，可以让游人在行走的时候了解风景园林所表达的特殊意义（图3-86）。

（6）为水电工程打下基础　风景园林中水电是必不可少的配套设施，为埋设与检修的方便，一般都将水电管线沿路侧铺设，因此园路布置需要与给排水管道和供电线路的走向结合起来进行考虑。

图3-86　西安世博园咸阳园入口（任我飞　摄）

3.4.3.2 园路的类型

园路按照性质和使用功能可分为主要园路、次要园路和游憩小路三种类型。

（1）主要园路　从园区入口通往园内各景区的中心、各主要广场、主要建筑、景点及管理区的园路，是园内人流和车流最大的行进路线（图3-87），同时要满足消防安全的需要，路面宽度在4～6m间较为适宜。路面材料以水泥或混凝土为主。

图3-87　主要园路（郭丽娟　摄）

图3-88　次要园路

（2）次要园路　为主要园路的辅助道路，散布于各景区之内，连接景区中的各个景点（图3-88）。次要园路要求能让车辆单行，宽度3～4m。次要园路路旁的绿化则以绿篱、花坛为主，以便游人近距离地进行观赏。多采用天然石块为路面材料。

（3）游憩小路　主要供游人散步游憩之用。小路可将游人带向园地的各个角落，如山间、水畔、疏林、草坪、建筑小院等处，宜曲折自然地布置（图3-89）。此类小路一般考虑1～2人的通行宽度，宽1.3～2m，不应少于1m。游憩小路可结合健康步道而设，健康步道有助于足底按摩健身。通过在卵石路上行走达到按摩足底穴位、健身的目的，但又不失为风景园林一景。

图3-89　游憩小路（任我飞　摄）

3.4.3.3 园路的设计要点

（1）符合人的行为及心理需求

风景园林中不同的使用者和交通模式都直接影响着园路设计，风景园林师需要综合考虑游人不同的游览方式、不同使用者的行为及心理需求，减少它们之间的冲突，如人车分流的形式就是化解机动车与行人之间冲突的好办法。

在风景园林园路设计时，交通性和游览性往往是园路设计的一对矛盾，园路分级设置是解决交通性和游览性矛盾的一种方法。交通与穿越行为是风景园林中目的性最强的人流类型，便捷快速的主要园路是这类游人最需要的，如巴黎雪铁龙公园设计首先考虑到人们的交通穿越行为，整个公园被一条横穿大草坪的对角线一分为二，为从雅维尔（Javel）地铁站到巴拉尔（Balard）地铁站的人们提供了最快捷的通道（图3-90）；目的性较弱的次要园路则对便捷性要求降低，园路可以有所曲折，而对周边风景或环境质量提出了要求；无明确目的的游憩小路则可以蜿蜒迂回，一方面增加了园路的长度，另一方面也能更好地与自然山水地形相和谐，对便捷性要求最低，而对周边风景、道路形式及环境细节要求最高。

图 3-90　巴黎雪铁龙公园平面图　　　　　　图 3-91　美国芝加哥东湖岸公园

人们使用园路的方式、强度和频率决定了园路的宽度、形式和材料。流线形的园路设计能够吸引人们来回散步与慢跑，铺满鹅卵石的路面常常吸引人们边散步边进行足底按摩。同时人们的心理特点也影响人们对园路的选择，例如人们在游园时相对于踏步更愿意走稍陡的坡道；在风景园林中，人们趋向于选择曲折弯曲的小路而非直来直往、棱角生硬的大路；在环境相似的园路中长时间地行走会使人疲倦，丰富的园路形式、多样的空间边界的合理组合能够创造丰富活泼的景观效果。

（2）主次分明，疏密有致

园路的布局应主次分明，密度得体。在城市公园设计时，道路的比重可控制在公园总面积的 10%～12%。园路是优美的导游线（图 3-91），主要园路贯穿景区，是主要的游览线，主次道路明确，方向性强，使游人无需路标的指示，依据园路本身的特征就能判断出前行可能到达的地方。园路的尺度、分布密度应该是人流密度客观、合理的反映。人多的地方，如文化活动区、展览区、游乐场、入口大门处等，尺度和密度应该大一些；休闲散步区域相反，要小一些。道路布置不能过密，否则不仅加大投资，也使绿地分割过碎。

（3）因地制宜，合理布局

风景园林的用地并无一定的形状，所以园路需要根据实际地形进行不同的规划布置。在规则式园林中，园路应该也是规则的直线、折线、放射线等形式，表现出规整严肃、整齐划一的景观特点，如美国景观设计师彼得·沃克设计的伯纳特公园的 45°斜线式园路是广场主要人流和次要人流的行进路线，既符合人流需要，又构成了特色景观（图 3-92）。在自然式园林中，可以结合园内的山水地形，将园路或设池或绕山迂回布置。然而园路的曲折迂回须依据观景的需要而进行设计，使沿园路设置的山水、建筑、小品、大树等景物因路的曲折而不断变换，达到"步移景异"的效果。这不仅能使游人放慢行进的脚步以细细领略园中的景色，而且曲折的园路延长了游览路线，无形中扩大了景象空间。园路也需随观景的要求而设计为环状。从游览观景的角度，园路布置成环状可以避免走回头路。

图 3-92 彼得·沃克设计的伯纳特公园

图 3-93 两条道路相交叉（郭杨 摄）

（4）处理好道路交叉口

园路在布局时难免出现很多的道路交叉（图 3-93）和分支，一般有以下几种形式。

① 十字交叉 两条道路相交叉，可以正交成十字形，也可以设计成斜交，但应使道路的中心线交叉在一点，斜交道路的对顶角最好相等，以求美观 [图 3-94(a)]。

② 丁字形交叉 多为外弧交接，并最好为直角相交或钝角相接，这样路的方向性、目的性明确 [图 3-94(b)]。注意，不宜在凹入的部分分叉，因为这样交叉后，往往形成方向相同、距离相等的不合理道路布局。

③ Y 形交叉 Y 形属典型的三岔路型，由一条园路分歧为两条，或由两条园路合为一条 [图 3-94(c)]。

④ L 形交叉 L 形交叉又被称为转角交叉，有一次转角和二次转角两种形式 [图 3-94(d)]。

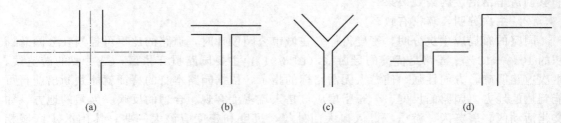

| (a) | (b) | (c) | (d) |

图 3-94 交叉路口形式（郭丽娟 绘）

为使园路交叉口自然、美观和使用便利，设计时需注意如下几个方面的问题。

① 在设计园路时，应避免多条道路交于一点，因为这样容易使游人迷失方向。

② 处理道路相交时，应在端头处适当扩大路面，也可将交叉处设计为小广场，以有利于交通，也可避免游人过于拥挤。

③ 上山的路，除通往某些纪念性建筑物或场所外，一般不宜与主路正交，以取得活泼、自然和若隐若现的趣味。

④ 交叉形式的不同，会产生不同的空间景观效果，在设计时，要恰当选用交叉形式来塑造道路景观形象。

⑤ 园路交叉空间既是道路交叉点，又是复杂道路网络中的景观场所，因此，不要将其作为简单的路叉，而应作为景观场所对待。

⑥ 在设计交叉路时，要准确掌握交叉口的尺度及各条汇入道路的尺度，以及交叉口街角地的建筑、小品、设施的形体和尺度。

（5）处理好与建筑小品的关系

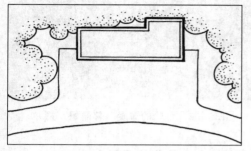

图 3-95　建筑小品位置与外弧相接

建筑小品位置及方向的确定应服从园路整体环境，并与园路相连接。通常采用外弧线连接，并且在接近建筑的一面，将局部加宽；在有大量游人的建筑前，应设置活动广场，这样既能取得较好的艺术效果，又有利于游人的集散和休憩活动（图 3-95）。应注意的是，主环路不能横穿建筑物，也不能使园路与建筑、小品斜交或走死胡同。

一些串接于游览线路中的风景园林建筑，一般可将道路与建筑的门、廊相接，也可使道路穿越建筑的支柱层。依山的建筑利用地形可以分层设出入口，以形成竖向通过建筑的游览线。傍水的建筑则可以在临水一侧架构园桥或安排汀步，使游人从园路进入建筑，涉水而出。

（6）注意山路的布置

山路的布置应根据山形、山势、高度、体量以及地形的变化、建筑的安排、花木的配置等情况综合考虑。山体较大时山路须分主次，主路一般作盘旋布置，坡度应较为平缓；次路结合地形，取其便捷；小路则翻岭跨谷，穿行于岩下林间。山体不大时山路应蜿蜒曲折，以使游人感觉中的景象空间得以扩大。山路的布置还需注意起伏变化，尽量满足游人爬山的欲望。

城市公园绿地中的假山一般体量不会太大，穿越山林间的道路路幅需要与假山的尺度相适宜，所以山林间的道路不宜过宽。较宽的观景主路一般宽度不得大于 3m，而散步游憩小路则可设计成宽度 1.2m 以下。

当园路坡度小于 6% 时，可按一般的园路予以处理；若在 6%～10% 之间，就应沿等高线作盘山路以减小园路的坡度；如果园路的纵坡超过 10%，需要做成台阶形，以防游人下山时难以收步。对于纵坡在 10% 左右的园路可局部设置台阶，更陡的山路则需采用磴道。山路的台阶磴道通常每 15～20 级要设置一段平缓的道路，以便让登山者稍作间歇调整。必要时还可设置眺望平台或休息小亭，其间置椅凳，以供游人驻足小憩、眺望观览。如果山路需跨越深涧峡谷，可考虑布置飞梁、索桥。若将山路设于悬崖峭壁间，则可采用栈道或半隧道的形式。由于山体的高低错落，山路还要注意安全问题，如沿岩崖的道路、平台，外侧应安装栏杆或密植灌木。

（7）台阶的设计应合理

一般当道路坡度达到 12° 时宜设置台阶；当道路坡度达到 20° 时一定要设置台阶。台阶的一般踏面宽度 30～38cm，高 10～15cm，以 38cm×12cm 的踏步较为多见。

构筑台阶的材料主要有各种石材、钢筋混凝土及塑石等。用于建筑的出入口或下沉广场周边的台阶主要采用平整的条石或饰面石板，以形成庄重典雅之感；池畔岸壁之侧、山道之间等地方，使用天然块石可增添自然的情趣；钢筋混凝土台阶虽然少了一份自然，但其可塑的特性能使台阶做成各种需要的造型，以丰富园景的变化；至于塑石台阶因其色彩可随意调配，若与花坛、水池、假山等配合和谐，则能产生良好的点缀效果。台阶的布置应结合地形，使之曲折自如，成为人工痕迹强烈的建筑与富有自然情趣的山水间的优美过渡

（图 3-96）。

3.4.3.4 风景园林铺装的类型与设计

（1）风景园林铺装的类型

风景园林铺装可分为软质铺装与硬质铺装。软质铺装主要以草坪、花卉和地被植物覆盖地面。通常叶片越小、越致密的地被植物质感越细腻，如龟甲冬青、铺地柏、绒柏等；花卉色彩丰富，给人以生动活泼的感觉；草坪在色泽、高矮、质感上的统一，给人以清晰明了的感觉，容易突出其他风景园林要素。硬质铺装是以硬质材料对裸露地面进行覆盖，形成一个坚固的

图 3-96 台阶的布置（郭丽娟 摄）

地表层，既可防止尘土飞扬，美化景观，又可作为车辆、人流聚集的场所。

（2）风景园林铺装的设计要点

在现代风景园林中，园路的硬质铺装材料可谓种类繁多，有木材、石材、陶瓷制品、混凝土制品、砖制品、高分子材料等。不同的铺装材料质感不同，花岗岩板材给人的感觉是坚硬、华丽、典雅；青石板赋予环境以古朴与简洁；陶瓷类面砖铺地明快、色彩丰富，组合多样；混凝土砌块给人以朴素和简单的感觉等。同样的材料其表面加工的手段不同，其质感也不尽相同，如木材被看作是生态材料，不但富有质感和较好的可塑性，而且具有生命力，越来越多的风景园林铺地采用了木制铺装，如木平台（图 3-97）、木栈道（图 3-98）等，虽然同是木材铺装，但是给人的感觉却完全不同。

图 3-97 临水的木平台

图 3-98 木栈道

粗糙的地面富有质朴、自然和粗犷的气息，尺度感较大；细腻光亮的地面则显得精致、华美、高贵，尺度感较小。因此，在铺装设计中，对于商业广场、步行商业街的铺装，为突出其优雅华贵，可采用质地细密光滑的材料，但这些场所人流密集，要注意防滑问题；对于休闲娱乐广场、居住区道路的铺装，为突出其亲切宜人，可采用质感粗糙的材料；对于运动场地的铺装，可采用质感柔软的材料，给人舒适安全之感；对于风景林区道路的铺装，可采用具有自然质感的材料，如天然石材、卵石、木材等。

在铺装设计中，铺装质地的选用应根据预期的使用功能、远近观看的效果、阳光照射的角度和强度等来进行设计，并形成一定的对比，以增加地面的趣味性。如陶瓷面砖与卵石相结合，既可满足行人的正常行走，又能作为健康步道，景观还因材料质感和图案的对比而显

得更加生动（图3-99）。利用折线、曲线、圆、直线等单纯的几何符号与统一规矩的斜拼的釉面砖或天然石材相映成趣，给人以动中带静、静中带动的感觉（图3-100）。

图3-99　陶瓷面砖与卵石结合的铺装（郭丽娟　摄）

图3-100　铺路石　　　　　　　　　　图3-101　美国新泽西州海洋县公共图书馆

设计中应考虑地面的图案设计、空间构成，可结合空间的形状、色彩、风格，对地面作些精心安排，突出空间特色。如美国新泽西州海洋县公共图书馆凭借其与道路开放式的关系，入口的庭院利用活泼的线性铺装花纹吸引游客到图书馆来，加强持续性的运动感（图3-101）。

设计中还应重视地面铺装与整体环境的和谐统一，体现景观的要求。如彼得·沃克设计的日本丸龟火车站广场，将地面铺装的简洁条形图案与周围环境完美结合，充分利用既美观又透明的玻璃材料营造景观，这种浇注玻璃和压层玻璃随着昼夜的变化而呈现出不同的景观。白天，喷泉是水幕，在阳光的照耀下散发出彩虹般的光彩；随着夜幕降临，喷泉转而成为明亮的荧屏。广场上呈螺旋状摆放的石头更是特别，这些石头的材质为玻璃纤维，只要发生触摸或是黄昏来临，这些石头便会发出火一般的光芒，远远看去宛如一连串的火红的灯笼（图3-102）。

3.4.4　建筑

风景园林建筑是建造在风景园林和城市绿化地段内供人们游憩或观赏用的建筑物，常见的有亭、榭、廊、阁、轩、楼、台、舫、厅堂等建筑物。风景园林建筑比起山、水、植物，较少受到条件的制约，是造园运用最为灵活的，也是最积极的手段。随着工程技术和材料科学的发展，以及人类审美观念的变化，风景园林建筑在现阶段又被赋予了新的意义，其形式

图 3-102　日本丸龟火车站广场

也越来越复杂多样化，朝着更好地改善和提高人类居住环境质量的方向发展。

3.4.4.1　风景园林建筑的作用

（1）满足功能要求

风景园林建筑可作为人们休息、游览、文化、娱乐活动的场所，同时本身也成为被观赏的对象，点缀风景园林景观。随着风景园林活动的内容日益丰富，风景园林类型的增加，出现了多种多样的建筑类型，满足各种活动的需要。如展览馆为展览需求而设置，亭可以为人们提供休息、乘凉、赏景的场所。

（2）满足造景需要

① 点景　即点缀风景，风景园林建筑与山水、植物相结合，构成美丽的风景画面。建筑常成为风景园林景致的构图中心或主题，具有"画龙点睛"的作用。优美的风景园林建筑形象，为风景园林景观增色生辉。

② 赏景　即观赏风景，以建筑作为观赏园内或园外景物的场所。一幢单体建筑，往往成为静观园景画面的一个欣赏点；一组建筑常与游廊、园墙等连接，构成动观园景全貌的一条观赏线。因此，建筑的朝向、门窗的位置和体量的大小等都要考虑到赏景的要求，如视野范围、视线距离，以及群体建筑布局中建筑与景物的围、透、漏等关系。

③ 引导游览路线　游人在风景园林中漫步游览时，按照园路的布局行进，但比园路更能吸引游人的是各景区的景点、建筑。当人们的视线触及某处优美的建筑形象时，游览路线就会自然地顺着视线而伸延，建筑常成为引导视线的主要目标。游人每走一步都会欣赏到不同的风景画面，形成"步移景异"的效果。

④ 组织和划分　风景园林空间中，风景园林建筑具有组织空间和划分空间的功能作用。我国一些较大的风景园林，为满足不同的功能要求和创造出丰富多彩的景观氛围，通常把局部景区围合起来，或把全园的空间划分成大小、明暗、高低等有对比、有节奏的空间体系，彼此互相衬托，形成各具特色的景区。如中国古典园林常采用廊、墙、栏杆等长条形状的风

景园林建筑来组织空间。

3.4.4.2 风景园林建筑的类型

风景园林建筑按使用功能可分为五类：游憩类建筑、服务类建筑、文化娱乐类建筑、管理类建筑及风景园林建筑装饰小品。

（1）游憩类建筑　这类建筑主要指游览、点景和休息用的建筑等，其具有简单的使用功能，但更注重造景的作用，既是景观又是休憩、观景的场所，建筑造型要求高，它是园林绿地中最重要的建筑。常见的有亭、廊、榭、舫以及园桥等。

（2）服务类建筑　为游人在游览途中提供生活服务的建筑，如各类小卖部、茶室、小吃部、餐厅、接待室、小型旅馆及厕所等。

（3）文化娱乐类建筑　供风景园林开展各种活动用的建筑，如划船码头、游艺室、俱乐部、演出厅、露天剧场、各类展览馆、阅览室以及体育场馆、游泳池及旱冰场等。

（4）管理类建筑　风景园林管理用房包括公园大门、办公管理室、实验室及栽培温室等。此外，还有一类较特殊的建筑，即动物兽舍，同样具有外观造型及使用功能的要求。

（5）风景园林建筑装饰小品　此类小品虽以装饰园林环境为主，注重外观形象的艺术效果，但同时兼有一定的使用功能，如花架、座椅、园林展牌、景墙、栏杆、园灯等设施。

3.4.4.3 风景园林建筑的设计

（1）亭

无论是在中国古典园林中，还是在现代风景园林中，亭是最常见的风景园林建筑，可谓"无园不亭"。《园冶》中云："亭者，停也。所以停憩游行也"。亭具有休息、赏景、点景、专用等功能。亭的设置可防日晒、避雨淋、消暑纳凉，是风景园林中游人休息之处。亭还是风景园林中凭眺、畅览风景园林景色的赏景点。如中国的四大名亭有安徽滁州醉翁亭、北京先农坛陶然亭、湖南长沙爱晚亭和浙江杭州湖心亭。

① 亭的类型　按照屋顶的类型来分，亭有单檐、重檐、三重檐、攒尖、歇山、卷棚、庑殿、盔顶、十字顶、悬山顶、平顶等（图3-103）；按照平面形式来分，亭有三角亭、方

盔顶亭　　六角攒尖亭　　四角攒尖亭　　六角碑亭　　歇山卷棚亭　　组合亭

六角重檐亭　　四角重檐亭　　六角单檐亭　　四角重檐亭　　组合重檐亭　　四角重檐亭

圆檐亭　　双单檐亭　　双重檐亭　　盔顶亭

图 3-103　亭的屋顶形式

形亭、长方形亭、半亭、扇形亭、圆形亭、梅花形亭等形式（图 3-104）；按照平面组合形式来分有单亭、组合亭、与廊墙相结合的形式三类；如果从材料上来分，又有木亭、石亭、竹亭、茅草亭、铜亭等，现代还有采用钢筋混凝土、玻璃钢、膜结构、环保技术材料等建造的亭子。

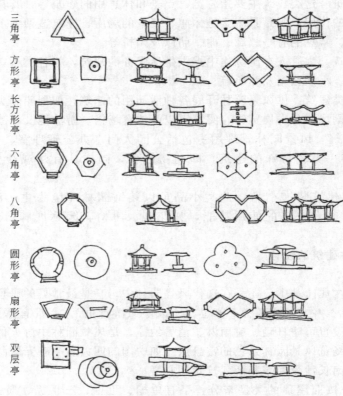

图 3-104　亭的平面形式

② 亭的位置选择

a. 山上建亭　山地建亭，可使视野开阔，适于登高远望。山上设亭能突破山形的天际线，丰富山形轮廓。尤其游人行至山顶需稍坐休息，山上设亭是提供休息的重要场所，但对于不同高度的山，建亭位置亦有所不同（图 3-105）。

小山建亭，小山高度一般在 5～7m，亭常建于山顶，以增加山体的高度与体量，更能丰富山形轮廓，但一般不宜建在山形的几何中心线之顶，以忌构图上的呆板。在苏州古典园林中，小山建亭，多在山顶偏于一侧建亭，如拙政园的"雪香云蔚亭"、留园的"可亭"。

中等高度山建亭，宜在山脊、山顶或山腰建亭，亭应有足够的体量，或成组设置，以取得与山形体量协调的效果。如北

图 3-105　哈尔滨太平公园益寿亭（郭丽娟　摄）

京景山，在山脊上建五座亭，体量适宜，体形优美，相互呼应，连成一体，与景山体量匀称、协调，更丰富了山形轮廓。

　　大山建亭，一般宜在山腰台地，或次要山脊，或崖旁峭壁之顶建亭，亦可将亭建在山道坡旁，以显示局部山形地势之美，并有引导游人的作用。如庐山含鄱亭、贵阳黔岭公园九曲径诸亭。大山建亭切忌视线受树木遮挡，还要考虑游人行程能力的可能，应有合理的休息距离。

　　b. 临水建亭　水面开阔舒展、明朗、流动，有的幽深宁静，有的碧波万顷，情趣各异，为突出不同的景观效果，一般在小水面建亭宜低临水面，以细察涟漪；大水面碧波坦荡，亭宜建在临水高台或较高的石矶上，以观远山近水，舒展胸怀，各有其妙。一般临水建亭，有一边临水、多边临水，或亭完全伸入水中、四周被水环绕等多种形式，小岛上、湖心台基上、岸边石矶上都是临水建亭之所。在桥上建亭，更使水面景色锦上添花，并增加水面空间层次，如扬州瘦西湖的五亭桥（图 3-106）。

图 3-106　扬州瘦西湖的五亭桥

　　c. 平地建亭　平地建亭眺览的意义不大，更多的是供休息、纳凉、游览之用，应尽量结合各种风景园林要素（如山石、树木、水池等）构成各具特色的景致，葱郁的密林、绚丽灿烂的花间石畔、幽雅宁静的疏梅竹影都是平地建亭的佳地。更可在道路的交叉点结合游览路线建亭，引导游人游览及休息；在绿地、草坪、小广场中可结合小水池、喷泉、山石修建小型亭子，以供游人休憩。此外，园墙之中、廊间重点或尽端转角等处，也可用亭来点缀。

　　③ 亭的设计要求　亭的色彩设计要根据当地的风俗、气候与爱好，必须因地制宜、综合考虑。亭的造型体量应与风景园林性质和它所处的环境位置相适应。但一般亭以小巧为宜，体型小会使人感到亲切。单亭直径最小一般不小于 3m，最大不大于 5m，高不低于 2.3m。如果体量需要很大，可以采用组合亭形式，如北京北海公园的五龙亭。

　　（2）廊

　　确切地说，廊并不能算作独立的建筑，它最初只是作为防雨防晒的室内外过渡空间，后来发展成为建筑之间的连接通道。廊作为空间联系和划分的一种重要手段，广泛应用于中国古典园林中，它同时具有遮风避雨、交通联系的实用功能。

　　① 廊的类型　廊按位置分为爬山廊、走水廊和平地廊；依结构形式分为双面空廊、单面空廊、单支柱廊和复廊等；依平面形式分为直廊、曲廊和回廊等。

　　a. 双面空廊　只有屋顶，用柱支撑、四面无墙的廊。在风景园林中既是通道又是游览路线，能两面观景，又在园中分隔空间。如北京颐和园的长廊（图 3-107）。

　　b. 单面空廊　一侧通透面向风景园林，另一侧为墙或建筑所封闭的廊。这样的廊可观赏一面空间，另一面可以完全封闭，也可半封闭，设置花格或漏窗，如《园冶》中所谓"俗则屏之，佳则收之"。且单面墙也不一定总设在一面，还可左右变换。如北京颐和园玉澜堂就有一段这样的廊，人走廊中有步移景异、空间变化的效果。

　　c. 单支柱廊　近年来由于钢筋混凝土结构的运用，出现了许多新材料、新结构的廊，最常见的有单支柱廊，其屋顶有平顶或作折板或作独立几何状连成一体，各具形状，造型新颖、体型轻巧、通透，在新建的小型风景园林绿地中备受欢迎。

图 3-107　颐和园长廊

图 3-108　沧浪亭复廊

　　d. 复廊　又叫两面廊，中间设分隔墙，墙上设各式漏花窗。这种廊可分隔两面空间都不暴露生硬的围墙，如苏州沧浪亭临水一面的围墙就采用复廊的办法（图 3-108），可使园内外景色都没有围墙的感觉，实现了园内外景观的互相渗透，是小中见大的空间处理手法。

　　② 廊的设计

　　a. 廊的选址及布置　应随环境地势和功能需要而定，使之曲折有度、上下相宜，一般最忌平直单调。造型以玲珑轻巧为上，尺度不宜过大，立面多选用开敞式。

　　b. 廊的开间　开间宜 3m 左右。一般横向净宽在 1.3～1.5m。现在一些廊宽常在 2.5～3m 之间，以适应游人客流量增长后的需要。檐口高度一般 2.4～2.8m。廊顶设计为平顶、坡顶、卷棚均可。

　　（3）榭

　　《园冶》记载："榭者，藉也。藉景而成者也，或水边，或花畔，制亦随态。"榭的结构依照自然环境不同而有各种形式，如有水榭、花榭等之分。隐约于花间的称之花榭，临水而建的称之为水榭。现今的榭多是水榭，平面多为长方形，屋顶常用卷棚歇山顶，有平台伸入水面，平台四周设低矮栏杆，建筑开敞通透。水榭主要供人们游憩、眺望，还可以点缀风景。如苏州网师园的濯缨水阁，佛山梁园荷香水榭等（图 3-109）。

图 3-109　佛山梁园荷香水榭

　　榭的设计要点如下：

　　a. 水榭的位置宜选在水面有景可借之处，要考虑到有对景、借景，并在湖岸线突出的位置为佳。水榭应尽可能突出池岸，形成三面临水或四面临水的形式。如果建筑不宜突出于池岸，也应将平台伸入水面，作为建筑与水面的过渡，以便游人身临水面时有开阔的视野，使其身心得到舒畅的感觉。

　　b. 榭在造型上，应与水面、池岸相互融合，以强调水平线条为宜。建筑物贴近水面，适时配合以水廊、白墙、漏窗，平缓而开阔，再配以几株翠竹、绿柳，可以在线条的横竖对比上取得较为理想的效果。建筑的形体以流畅的水平线条为主，简洁明了。

c. 榭的朝向颇为重要。建筑切忌朝西，因为榭的特点决定了建筑物应伸向水面且又四面开敞，难以得到绿树遮阴。

（4）舫

舫是依照船的造型在风景园林湖泊中建造的一种船形建筑物。其立意是"湖中画舫"，使人产生虽在建筑中，却犹如置身舟楫之感。舫可供游人在内游赏、饮宴、观赏水景，以及在风景园林中起到点景的作用。舫最早出现在江南的园林中，通常下部船体用石头砌成，上部船舱多用木构建筑，近年来也常用钢筋混凝土结构的仿船形建筑。舫立于水边，虽似船形但实际不能划动，所以亦名"不系舟""旱船"。如苏州拙政园的香洲、怡园的画舫斋、北京颐和园石舫（图3-110）等都是较好的实例。

图 3-110　颐和园石舫

① 舫的结构　一般基座用石砌成船甲板状，其上木结构呈船舱形。木结构部分通常又被分作三份，船头处作歇山顶，前面开敞，较高，因其状如官帽，俗称官帽厅；中舱略低，作两坡顶，其内用隔扇分出前后两舱，两边设支摘窗，用于通风采光；尾部作两层，上层可登临，顶用歇山形。尽管舫有时仅前端头部突入水中，但仍有条石仿跳板与池岸联系。

② 舫的设计要点　舫应重在神似，要求有其味、有创新，妙在似与不似之间，而不在过分模仿细部形式。舫选址宜在水面开阔之处，这样既可取得良好的视野，又可使舫的造型较为完整地体现出来，一般两面或三面临水。最好是四面临水，其一侧设有平桥与湖岸相连，仿跳板之意。另外还需注意水面的清洁，应避免设在易积污垢的水域之中，以便于长久地管理。

（5）堂

堂的室内空间较大，门窗装饰考究，造型典雅、端庄，前后多置花木、叠石，使人置身堂内就能欣赏风景园林景色。《园冶》中说："古者之堂，自半以前，虚之为堂。堂者，当也。谓当正向阳之屋，以取堂堂高显之义。"古代的堂，常将屋前面的半间空出作为堂。"堂"有"当"的意思，"当正"即位于居中的位置，向阳之屋，有"堂堂高大、开敞"之意。所以一般的堂多为朝南，房子显得高大宽敞。堂在风景园林建筑中往往为主体建筑，为园的中心空间。如苏州沧浪亭有明道堂，位于大假山之北，朝南而立，对面即大假山，中轴线布局，堂后有一个小院，再往北为一小轩"瑶华境界"，与之对景。明道堂，此名出自苏舜钦（宋）的《沧浪亭记》："观听无邪，则道以明。"

图 3-111　楼阁（郭丽娟　摄）

（6）楼阁

楼阁多为二层，甚至三五层，在我国古代已属高层建筑，亦为风景园林常用的建筑类型。与其他建筑一样，楼阁除一般的功能外，它在风景园林中还起着观景和景观两个方面的作用（图3-111）。

观景方面，于楼阁之上四望不仅能俯瞰全园，而且还可以远眺园外的景致，所谓"欲穷千里目，更上一层楼"即为此意。

景观方面，楼阁往往是画面的主题或构图的中心。如北京颐和园的佛香阁高踞于万寿山巅南侧，登阁周览，眼前是昆明湖千顷碧波；西有延绵的西山群岭以及玉泉山、香山的古刹塔影；向东则为京城城池宫殿，无限风光尽收眼底。此阁作为园中主要的点景，在万寿山南麓以南随处可见其高耸的身影，它不仅冲破了万寿山平缓的山形使天际轮廓线起伏变化，而且在周围殿宇、亭台的映衬下更显雄伟壮丽。府宅园林面积不大，楼阁大多沿边布置，用于点景则立于显眼位置，如苏州拙政园的见山楼、浮翠阁。作为配景则掩映在花木或其他建筑之后，如沧浪亭的看山楼、网师园的集虚斋和读画楼等。

（7）斋

斋为处于幽深僻静处之学舍书屋建筑。凡藏而不露、较为封闭的场所，任何式样的建筑也都称为斋。

（8）馆

风景园林中馆的形式简单，有可居性，也可以在此读书、作画。馆的规模不及堂，但比堂更有人情味。馆的建筑尺度宜人，空间有灵动性，形态不一定庄重，有时表现出欢乐的情趣。如苏州网师园里有蹈和馆，位于园的西南隅。在它的东南角有琴室，是供园主人晏居和操琴娱乐的场所。颐和园的听鹂馆则是一组戏楼建筑。扬州瘦西湖的流波华馆是临水看舟的地方。

（9）轩

轩，这种建筑形式像古时候的车，取其空敞而又居高之意。把建筑置于高旷之处，可以增添观景之效果。形式甚美，但规模不及厅堂之类，而且其位置也不同于厅堂那样讲究中轴线对称布局，而是比较随意。当然也有轩处在中轴线位置，但相对来说，总是比较轻快，不受拘束。如北京颐和园中谐趣园的北部山冈上有霁清轩，后山的西部有绮望轩、构虚轩、清可轩，苏州拙政园有与谁同坐轩（图3-112）。

（10）花架

花架是风景园林绿地中以植物为顶的廊，其作用与廊一样可供人歇脚赏景、划分空间。但花架把植物与建筑巧妙地组合，是风景园林中最接近

图3-112　苏州拙政园的与谁同坐轩

自然的建筑物。花架的位置选择较灵活，公园隅角、水边、园路、道路转弯处、建筑旁边等都可设立（图3-113）。在形式上可与亭廊、建筑组合，也可单独设立于草坪之上。

① 花架的形式　花架常见的形式有单片式、独立式、直廊式、组合式。按材料分有竹木花架、砖石花架、钢花架、混凝土花架等。

② 花架的设计　花架四周应开敞通透。高度一般在 2.3～2.5m，宽 2.5～4.0m，长 5.0～10.0m，立柱间距一般为 2.4～2.7m。

③ 花架的植物材料选择　要考虑花架的遮阴和景观作用两个方面，多选用藤本蔓生并且具有一定观赏价值的植物，如常春藤、络石、紫藤、凌霄、地锦、南蛇藤、五味子、木香等（图 3-114）。也可考虑使用有一定经济价值的植物如葡萄、金银花、猕猴桃等。

图 3-113　园路上的花架　　　　　　　　　　　　图 3-114　叶子花花架

（11）园门、景墙、景窗

① 园门　园门从功能与体量上，可分为两种类型，一类是小游园或风景园林景区的门，其体量小，主要起引导出入和造景功能；另一类是公园的门，其体量大，功能较复杂，需考虑出入、警卫值班等方面的要求。

城市公园的园门设计常追求自然、活泼，门洞的形式多用曲线、象形的形体和一些折线的组合，如圆门、月洞门、梅花门、汉瓶门等。在空间体量、形体组合、细部构造、材料与色彩选用方面应与风景园林环境相协调。如大庆儿童公园入口，色彩与形状都极符合儿童的审美及兴趣，并且根据小朋友喜爱的卡通形象定期更换门上的卡通图案，以适应其喜好。

在空间处理上，园门常被用来组织对景、借景，使游人进入园门后感到"涉门成趣，触景生情，含情多致，轻纱碧环，弱柳窥青，伟石迎人，别有一壶天地"。

② 景墙　风景园林中的景墙有分割空间、组织游览路线、衬托景物、遮蔽视线、装饰美化等作用。景墙常用的形式有云墙、梯形墙、白粉墙、水花墙、漏明墙、虎皮石墙、竹篱墙等，通常将这些形式巧妙地组合与变化。

一般景墙的墙高不小于 2.2m，位置常与游人路线、视线、景物关系等统一考虑，形成框景、对景、障景等。景墙可独立成景，也可结合植物、山石、建筑、水体等其他因素（图3-115），以及墙上的漏窗、门洞、雕花刻木的巧妙处理，形成一组组空间有序、富有层次、虚实相衬、明暗变化的景观。

构造风景园林景墙的材料有很多，"宜石宜砖，宜漏宜磨，各有所制"。也就是土石、砖木、竹等均可，对不同质地色彩的材料的灵活运用可产生墙面景观丰富多彩的效果，如江南古典园林中，多采用白粉墙，它与灰黑色瓦顶、栗褐色门窗柱在色彩上形成对比，同时白墙前衬托着几峰湖石，数株修竹或花木藤萝，使之交相辉映。

③ 景窗　风景园林中景窗又称透花窗或漏窗，它既可分割空间，又可使墙两边的空间相互渗透，似隔非隔，若隐若现，达到虚中有实、实中有虚、隔而不断的艺术效

图 3-115　特色大门及景墙

果。而景窗自身可成景，窗花玲珑剔透，造型丰富，装饰性强，在园林中起画龙点睛作用。

从构图上看，景窗的形式大致可分为几何形和自然形两大类，几何形的图案有十字、菱花、万字、水纹、鱼鳞、波纹等；自然式的图案多取象征吉祥的动植物，如象征长寿的鹿、鹤、松、桃；象征富贵的凤凰及风雅的竹、兰、梅、菊、荷等。景窗在用料上，几何形的多用砖、木、瓦等制作，自然形的多用木制或铁片，用灰浆、麻丝逐层裹塑，成形涂彩即可，现多用钢筋混凝土及水磨石制作。

（12）雕塑

雕塑按照功能可分为主题性雕塑、纪念性雕塑和装饰性雕塑三类。雕塑的布置既可以孤立设置，也可与水池、喷泉、山石和绿地等搭配（图 3-116），通常必须与风景园林绿地的主题一致，让人产生艺术联想，从而创造意境。雕塑后方如再密植常绿树丛作为衬托，则更可使形象特别鲜明突出。设置的地点，一般在风景园林主轴线上或风景视线的范围内；但亦有与墙壁结合或安放在壁龛之内或砌嵌于墙壁之中与壁泉结合作为庭园局部小品设施的。有时，由于历史或神话的传说关系，会将雕塑小品建立于广场、草坪、桥头、堤坝旁和历史故事发源地，如哈尔滨市春水大典广场体现哈尔滨历史文化的人物群雕（图 3-117）。

图 3-116　重庆南山植物园雕塑　　　　图 3-117　哈尔滨市春水大典广场（郭丽娟　摄）

3.4.4.4 风景园林建筑与环境的关系

在风景园林的创作中，如何把山、水、植物、建筑等基本要素按构成自然山水美的艺术规律恰当地组合起来，特别是如何把人工的建筑物与山水、植物等自然因素很好地协调起来，是取得风景园林整体景观效果的关键之一。

图 3-118　苏州网师园的冷泉亭

（1）风景园林建筑与山石的关系

风景园林建筑与山体关系处理上，讲究随形就势。首先从选址上看，或立于山巅（如避暑山庄古俱亭），或骑于山脊（如安徽九华山百岁宫），或伏于山腰（如青城山古常道观），或卧于峡谷（如峨眉山清音阁建筑群）。即使在范围较小的市井之地，私家园林在人工山体上，对风景园林建筑也进行巧妙的选址，如扬州个园拂云亭立于黄石秋山之上。其次，从风景园林建筑与山体环境处理的设计手法角度看，或悬挑，或吊脚，或跌落，或整平，在不同环境条件下，可灵活处理。

风景园林建筑与置石关系处理上，用一两峰造型别致的置石点缀于建筑的墙隅屋角（图3-118），是古典园林常用的处理手法，其作用是使原本过空的墙面得到充实，从而使构图变得丰满。这也是现代风景园林设计值得借鉴的。

（2）风景园林建筑与水体的关系

风景园林建筑与水体关系处理上，讲究建筑与水体相互依存，以满足人的亲水性心理需求。从风景园林建筑或建筑群选址布局的角度看，通常有三种情况：①建在水体之中或孤岛之上，如湖心亭；②建于水边，依岸而作，面向水域，如水榭；③横跨水面之上，有长虹卧波之势，既有交通作用，又有观景功能，如横跨水面的桥、桥亭、桥廊、水阁等。从设计处理手法来看，让建筑一面临水，或两面临水，但较多的是让建筑三面临水而凸于水中，或让建筑伸出平台架于水上。

（3）风景园林建筑与植物的关系

在风景园林建筑与植物关系处理上，讲究造景与抒情结合，发挥园林植物季相变化特色，与风景园林建筑结合，呈现四时之景，展示时序景观与空间变化。明代计成描述风景园林建筑与植物的交融关系："杂树参天，楼阁碍云霞而出没；繁花覆地，亭台突池沼而参差。"在古典园林中常常利用植物营造景点，又用建筑加以点缀，如拙政园的荷风四面亭、留园的闻木樨香轩、狮子林的向梅阁等。从中可见风景园林建筑与植物之间的关系是何等的融洽。从景观构成的角度看，植物有效地丰富了风景园林建筑的艺术构图，以植物柔软、弯曲的线条去打破建筑平直、呆板的线条，以绿化的色彩调和建筑物的色彩。

（4）风景园林建筑内部自然要素的运用

将山石、水池及植物等自然要素引入风景园林建筑室内，会使人产生丰富的联想，令建筑的内部空间更富情趣（图3-119）。

图 3-119　重庆光环购物公园中庭

如将用于室外的山石及建筑材料运用于室内，在中央大厅中散置峰石、假山，用虎皮墙石柱予以装饰；或将室外水体引入室内，在室内模拟山泉、瀑布、自然式水池，创造出丰富的水景空间；或在室内保留原有的大树，组成别致的室内景观；把园林植物自室外延伸到室内；等等。所有这些手法可以打破原来室内外空间的界限，使不同的空间得以渗透、流动。

3.4.4.5　现代风景园林中建筑的体现

（1）建筑形式更加灵活

现代风景园林的建筑设计不再局限于古典的建筑形式，在空间中表达的形式更加灵活多样，既有实用功能又丰富景观特色（图3-120、图3-121）。

图3-120　座椅与树池的结合　　　　　图3-121　座椅与游览步道的结合（郭杨　摄）

（2）建筑结构更加丰富

在建筑技术方面，从传统的砖、木结构到现代的钢、膜结构（图3-122），从梁柱体系到空间网架，甚至充气结构，在风景园林中都有应用。如日本名古屋市东区的广场景观——"21世纪城市绿洲"，设计师以水和绿色为主题，采用大量的艺术雕塑和构筑物，烘托强烈的文化艺术氛围。设计师通过四根钢柱支撑起一个复杂的钢结构，承载一个巨大的椭圆形玻璃体，形成空中水体（"水的宇宙船"），游人从地面层可通过楼梯上到观景平台层眺望四周的环境。下沉的广场，是宣传、集会的场所，也是整合四周的商业设施、联系上下交通和水平交通的重要枢纽（图3-123）。

图3-122　膜结构亭　　　　　　　　　图3-123　下沉广场

（3）建筑功能更加多样

在现代风景园林中，利用建筑满足游人的各种需求。如伯纳德·屈米（Bernard Tschumi，1944—）设计的拉维莱特公园中分布着形态各异的红色立方体，每一 Folie（疯狂的构筑物）的形状都是在长、宽、高各为 10m 的立方体中变化，为问询处、展览室、小卖饮食、咖啡馆、音像厅、钟塔、图书室、手工艺室、医务室之用，这些使用功能也可随游人需求而变化（图 3-124）。

图 3-124　拉维莱特公园的红色建筑

（4）建筑的场所再生

在工业废弃地的改造中，建筑通常起到场所再生的重要作用，通常的做法是保留一座建筑物结构或构造上的一部分，如墙、基础、框架、桁架等构件，从这些构件中可以看到以前工业景观的蛛丝马迹，引起人们的联想和记忆。如理查德·哈格（Richard Haag，1923—）主持设计的美国西雅图煤气公园（图 3-125），应用了"保留、再生、利用"的设计手法，经过有选择地删减后，剩下的工业设备被作为巨大的雕塑和工业遗迹而被保留了下来。公园东部有些机器被刷上了红、黄、蓝、紫等鲜艳的颜色，有的被覆盖在简单的坡屋顶之下，

图 3-125　美国西雅图煤气公园

图 3-126　中山岐江公园

成为游戏室内的器械。将工业设施和厂房改成餐饮、休息、儿童游戏设施等的做法使原先被大多数人认为是丑陋的工厂保持了其历史、美学和实用的价值。再如土人景观公司设计的中山岐江公园（图3-126），是在粤中造船厂旧址上建设，保留钢结构、水泥框架船坞等构筑物，对吊塔和铁轨的再利用，实现了工业遗存景观的再生。

3.4.5　植物

园林植物是风景园林设计中具有生命力且最具特色的要素，风景园林因植物要素的生命力而更富生机。园林植物具有改善生态环境、美化环境、调节人类心理和生理等作用，在现代风景园林设计中越来越受到人们的重视。

3.4.5.1　园林植物的分类

园林植物是园林树木与花卉的总称。按其生长类型或体型分为乔木、灌木、藤本植物、地被植物、花卉、水生植物和草坪，共七类。

（1）乔木

乔木具有体形高大、主干明显、分枝点高、寿命长等特点。依其体形高矮常分为大乔木（高20m以上）、中乔木（高8～20m）和小乔木（高8m以下）。依生活习性分为常绿乔木和落叶乔木。

常绿类乔木叶片寿命相对较长，一般在一年以上，甚至多年。每年仅脱落部分老叶，新老叶的更替不明显，持续拥有绿色，呈现四季常青的自然景观，如雪松、桂花等。落叶乔木一年四季变化明显，早春抽枝发芽展叶，夏季树叶浓密，秋季叶色变化而脱落，冬季则仅剩下枝干，如金钱松、旱柳、糖槭等。落叶乔木是温带用量最大、效果最理想的植物材料，是行道树、庭荫树、孤植树优先考虑的树种。

乔木是风景园林中的骨干植物，对风景园林布局影响很大，不论是在功能上还是艺术处理上，都能起到主导作用。

（2）灌木

灌木没有明显主干，多呈丛生状态或自基部分枝。一般体高2m以上者为大灌木，1～2m为中灌木，高度不足1m者为小灌木。

灌木也有常绿灌木与落叶灌木之分，主要作下木、植篱或基础种植，其中开花灌木用途最多，常用在重点美化地区。

（3）藤本植物

凡植物不能自立，必须依靠其特殊器官（吸盘或卷须），或靠蔓延作用而依附于其他植物体上的，称藤本植物，亦称为攀缘植物，如地锦、葡萄、紫藤、凌霄等，常用于垂直绿化，如花架、篱栅、岩石或建筑墙面等（图3-127）。

（4）地被植物

地被植物指株丛密集、低矮，用于覆盖地面的植物。主要是一些多年生低矮的草本植物和一些适应性较强的低矮、匍匐型的灌木和藤本植物。

图3-127　地锦

地被植物可以分为草本地被植物和木本地被植物。草本地被植物，如马蹄金、白三叶、二月兰、半枝莲、紫花地丁、玉簪、月见草等。木本地被植物，如红花檵木（图3-128）、五叶地锦、绣线菊、金银花、百里香、栀子花、棣棠、薜荔等。

图 3-128 红花檵木

地被植物多用于林下空间，与乔木、灌木相结合构成群落结构，形成丰富的景观层次。

（5）花卉

花卉指姿态优美、花色艳丽、花香馥郁，具有观赏价值的草本和木本植物，其姿态、色彩和芳香对人的精神有积极的影响，通常多指草本植物。

根据花卉生长期的长短及根部形态和对生态条件的要求可分为以下四类。

①一年生花卉 是指春天播种，当年开花的种类，如鸡冠花、凤仙花、波斯菊、矮牵牛（图3-129）、万寿菊等。

②二年生花卉 是指秋季播种，次年春天开花的种类，如金盏花、七里黄、花叶羽衣甘蓝等。

以上两者一生之中都是只开一次花，然后结实，最后枯死。这一类花卉多半具有花色艳丽、花香馥郁、花期整齐等特点，但其寿命太短，管理工作量大，因此多在重点地区配置。以充分发挥其色、形、香三方面的特点。

图 3-129 一年生花卉——矮牵牛（郭丽娟 摄）

图 3-130 睡莲

③多年生花卉 是指一次栽植能多年继续生存、年年开花的草本花卉，也称宿根花卉，如芍药、玉簪、萱草等。多年生花卉比一二年生长花卉寿命长，其中包括有很多耐旱、耐湿、耐阴及耐瘠薄土壤等种类，适应范围比较广，可以用于花境、花坛或成丛成片布置在草坪边缘、林缘、林下或散植于溪涧山石之间。

④球根花卉 是指多年生草本花卉的地下部分，茎或根肥大成球状、块状或鳞片状的一类花卉均属之，如大丽花、唐菖蒲、晚香玉等。这类花卉多数花形较大、花色艳丽，除可布置花境或与一二年生花卉搭配种植外，还可供切花用。

（6）水生植物

水生植物是指生活在水域，除了浮游植物外所有植物的总称。水生植物根据其需水的状况及根部附着土壤之需要分为浮叶植物、挺水植物、沉水植物和漂浮植物四类。

浮叶植物生长在浅水中，叶片及花朵浮在水面，例如睡莲（图3-130）、田字草等。挺水植物生长在水深0.5～1m的浅水中，根部着生在水底土壤中，此类植物包括荷花、茭白等。沉水植物其茎叶大部分沉在水里，根部则固着于土壤中，根部不发达，仅有少许吸收能力，例如金鱼藻等。漂浮植物其根部不固定，全株生长于水中或浮于水面，随波逐流，如满江红、槐叶萍等。水生植物是风景园林水景的重要造景素材，不仅可以丰富风景园林水体景观，还有利于水质的处理和生态系统的保护。

（7）草坪

草坪是草本植物经过人工种植或改造后形成的具有观赏效果并能够提供适度活动的地块。草坪植物主要是指风景园林中覆盖地面的低矮禾草类植物，可用来形成较大面积的平整或有起伏的草地。

3.4.5.2 影响园林植物的环境因素

园林植物是活的有机体，除本身在生长发育过程中不断受到内在因素的作用外，同时还要受到温度、阳光、水分、土壤、空气和人类活动等外界环境条件的影响。

（1）温度

温度对叶绿素的形成、光合作用、呼吸作用、根系活动以及其他生命现象都有密切关系。一般来说，0～29℃是植物生长的最佳温度。在各个不同地区所形成植物生长发育的温度条件是不同的，我国有自南向北的热带植物、亚热带植物、温带植物和寒带植物的水平分布带，以及由低到高的垂直分布带。当然，随着纬度的不同，垂直分布的植物类型是不同的，但其生态类型的变化过程仍然是依照这种规律行事，超越了这个范围植物的生长发育就要受到影响甚至死亡。

现代风景园林中，在植物选择应用时一定要考虑不同地区的温度差异，避免植物因为过冷或过热导致的大面积死亡。如我国北方某寒地城市就曾盲目引进雪松（喜气候温和凉润、土层深厚、排水良好的环境），结果不言而喻。

（2）阳光

绿色植物在整个生活过程中对光的需要，正像人对氧的需要一样重要。但是不同植物对光的要求并不相同，这种差异在幼龄期表现得尤其明显。根据这种差异常把园林植物分成阳性植物（如悬铃木、松树、刺槐）和耐阴植物（如杜英）两大类。阳性植物只宜种在开阔向阳地带，耐阴植物能种在光线不强和背阴的地方。园林植物的耐阴性不仅因树种不同而不同，而且常随植物的年龄、纬度、土壤状况等而发生变化。如年龄越小，气候条件越好，土壤肥沃湿润其耐阴性就越强。从外观来看，树冠紧密的比疏松的耐阴。

城市树木所受的光量差异很大，因建筑物的大小、方向和宽度的不同而不同，如东西向的道路，其北面的树木因为所受光量的不同，一般向南倾斜，即向阳性。

（3）水分

植物的一切生化反应都需要水分参与，一旦水分供应间断或不足时，就会影响生长发育，持续时间太长还会使植物干死。反之，如果水分过多，会使土壤中空气流通不畅，氧气缺乏，温度过低，降低了根系的呼吸能力，同样会影响植物的生长发育，甚至使根系腐烂坏死，如雪松须栽植在土层深厚、排水良好的土壤上。不同类型的植物对水分的要求颇为悬殊。即使同一植物对水的需要量也是随着树龄、发育时期和季节的不同而变化的。春夏时树木生长旺盛，蒸腾强度大，需水量必然多。冬季多数植物处于休眠状态，需水量就少。

风景园林设计时，在临水的地方栽植耐水湿植物（如柳树、水杉等）不但符合植物生长需求，更能增添景致，如杭州西湖的苏堤春晓就是在堤上栽植柳树的成功案例。

（4）土壤

土壤是大多数植物生长的基础，植物从其中获得水分、氮和矿物质营养元素，以便合成有机化合物，保证生长发育的需要。但是不同的土壤厚度、结构组成和酸碱度等，在一定程度上会影响植物的生长发育及其分布区域。土层厚薄涉及土壤水分的含量和养分的多少。城市土壤常受到人为的践踏或其他不利影响而限制植物根部的生长,这在城市街道的行道树上体现得尤为明显。

土壤酸碱度(pH 值)影响矿物质养分的溶解转化和吸收。不同植物对土壤酸碱度的反应不同,就大多数植物来说,在酸碱度 3.5~9 的范围内均能生长发育,但是最适宜的酸碱度范围却较窄。根据植物对土壤酸碱度的不同要求可分为以下三类:

① 酸性土植物　在酸性(pH＜6.7)的土壤中生长最多最盛的植物均属之,如马尾松、杜鹃类。

② 中性土植物　土壤 pH 值在 6.8~7.0 之间,一般植物均属此类。

③ 碱性土植物　在 pH 值大于 7.0 的土壤上生长最多最盛者,如柽柳、碱蓬等。如黑龙江省大庆市油田附近为盐碱地,因此在绿化时多用耐盐碱抗旱的柽柳、沙棘、碱蓬等,保证了景观丰富和植物健康生长。

(5) 空气

空气是植物生存的必需条件,没有空气中的氧和二氧化碳,植物的呼吸和光合作用就无法进行,植物就会死亡。相反,空气中有害物质含量增多时同样会对植物产生危害作用。在自然界中空气的成分一般不会出现过多或过少的现象,而城市中的空气污染会影响植物的正常生长,甚至导致其死亡,例如一般厂矿集中的城镇附近的空气中所含烟尘量和有害气体会增加,大气和土壤易受污染。以二氧化硫为例,各种植物对二氧化硫的抗性是不同的,当空气中 SO_2 含量低时,硫是可以被植物吸收同化的;但当 SO_2 含量达到百万分之一时,一般的针叶树会受害;当含量达到百万分之十时,一般阔叶树叶子会变黄脱落,人不能持久工作;当含量达到百万分之四百时,人也会死亡。因此在污染地区,如传染病院、工矿企业等进行绿化时,必须选用抗性强、净化能力强的植物。

(6) 人类活动

人类活动不仅改变植物生长地区界限,而且影响植物群落的组合。如在沙漠上营造防护林可以某种程度上限制流沙移动;引水灌溉改造沙漠可以创造新的植物群落;引种驯化可以促进一些植物类型的定居和发展,以代替那些对国民经济价值不大的植物类型;通过大树移植的方法可以快速形成景观。但也不能忽视在征服自然界的过程中一些错误的做法,如人类曾经对部分森林进行毁灭性的破坏,夺去了森林秀丽的景色和妩媚的英姿,破坏了生态平衡,导致了气候恶化,造成了水土流失,绿洲变沙漠,人类生活环境受到了大自然应有的惩罚,这是人类永远不能忘记的惨痛教训。

除此以外,人类的放牧、昆虫的传粉、动物对果实种子的传播等,对植物生长发育和分布都有着重要的作用。

因此,园林植物的生长发育和分布区的形成,是同时受到各种环境条件综合影响和制约的。

圆柱形　尖塔形　圆锥形

窄卵形　卵形　垂枝形

圆球形　扇形　半圆形

半球形灌木　拱枝形灌木　丛生形灌木

匍匐形灌木

图 3-131　园林植物树形

3.4.5.3　园林植物的观赏特征

植物配置的艺术性要求我们必须深入了解园林植物树形、叶、花、果、枝干、根等细节特征,从而才能使植物景观具有较高的艺术观赏性。

（1）树形

树形是园林植物景观的观赏特性之一（图 3-131）。对于树形的描述一般是指树木达到壮龄时，树冠轮廓的形状。树冠轮廓是树木形态的主要观赏特征，能够表达出树木的姿态、各种群落的形象和天际线的轮廓。常用园林树形可概括为：圆柱形（桧柏、钻天杨）、尖塔形（如雪松、南洋杉）、圆锥形（如红皮云杉、落叶松）、伞形（枫杨）、卵形（馒头柳）、圆球形（七叶树、樱花）、垂枝形（垂柳、龙爪槐）、匍匐形（偃柏）等。

在自然界中，树冠的天然形状是复杂的，而且是随树龄的增长在不断地改变着它们自己的形状和体积。同种、同龄树木的树冠也常因为立地环境条件的不同而有很大的差异。

（2）枝干

乔木、灌木的枝干具有一定的观赏特性，尤其北方冬季，花果之后、落叶归根，裸露的枝干成为主要的观赏对象。色彩各异的枝干具有很好的观赏价值。枝干发白的如白桦、白桉等；红紫的如红瑞木、紫竹等；古铜色的如山桃等；黄色的如龙头竹、金镶玉竹、金竹等；干皮斑驳成杂色的如白皮松（图 3-132）、榔榆、悬铃木、木瓜等。

另外，枝干的质感多样，能够使人产生不同的触觉和细节的视觉感受。树皮光滑的有柠檬桉、山茶、紫薇等；横纹树皮的有山桃、桃、樱花等；斑状树皮的有白皮松、悬铃木等。

图 3-132　白皮松（郭丽娟　摄）　　　　图 3-133　秋色叶树种——银杏

（3）叶

叶的观赏价值主要在于叶形、叶色和叶的大小。粗壮的大叶会使人感到舒展大方；细细的垂丝能倍添园林的情趣；浑圆形、心形、扇形的叶片或有缺裂的叶形，仿佛大自然赐予的精美工艺品；尖尖的针叶给人的感觉更加刚毅。很多植物的叶片独具特色，如槟榔的叶片巨大（长 8m，宽 4m），直上云霄，非常壮观。浮在水面巨大的王莲叶犹如大圆盘，甚至可承载幼童，吸引众多游客。董棕、鱼尾葵、大叶蒲葵、油棕等都长着巨叶。具有奇特叶片的植物还有山杨、羊蹄甲、马褂木、变叶木、旅人蕉、含羞草等。

春夏之际大部分树叶是绿色的，但还有一些色彩观赏价值较高的种类，如春色叶、秋色叶（图 3-133）、常色叶、双色叶、斑色叶，常用的观叶植物有银杏、黄栌、龙头竹、紫叶李等。如北京西山的黄栌，每逢深秋满山红遍，景色壮丽，气象万千，令人陶醉。双色叶片的胡颓子、银白杨等最宜成片种植，在阳光照耀下银光闪闪，更富有山林野趣。利用彩叶植物成为现代风景园林设计的一种重要手段。

（4）花

花形、花色丰富是园林植物最明显的特征，极富观赏价值。北方的泡桐、合欢、栾树在开花时节，十分壮观。南方的木棉、羊蹄甲、凤凰木的花季让人难以忘怀。其他的花灌木更是丰富多彩，除了纯黑、纯蓝，各类色彩一应俱全。暖温带及亚热带的树种，多集中于春季开花，因此夏、秋、冬季及四季开花的树种极为珍贵，如合欢、夹竹桃、石榴、广玉兰、梅花、金缕梅、云南山茶、冬樱花、月季等。一些花形奇特的花种也很吸引人，如鹤望兰、兜兰、飘带兜兰、旅人蕉等。赏花时，人们更喜闻香，如清香的茉莉、甜香的桂花、浓香的丁香、淡香的玉兰备受欢迎。

不同花色组成的绚丽色块、色斑、色带及图案在园林植物配置中极为重要，有色有香更是上品。根据不同特点，可配置成色彩园、芳香园、季节园等专类园。

（5）果实

以果实作为观赏特性的植物称为观果植物（图3-134）。其果实大小、形状各异，色彩丰富，如北方的接骨木、花楸、金银忍冬、山楂的果实在绿叶的衬托下格外美丽；象耳豆、秤锤树、腊肠树、神秘果等果实奇特；波罗蜜、番木瓜等果实巨大。很多植物的果实色彩艳丽，紫色的有紫珠、葡萄等，红色的有天目琼花、小果冬青、南天竹等，蓝色的有蓝莓、十大功劳等。另外，果实还有引诱生物的作用，对城市生物多样性的保护有重要意义。

图3-134　观果植物——紫珠

（6）根

一般植物老年期时，都不同程度地表现出根的独特美。其中以松、榆、梅、蜡梅、山茶、银杏、广玉兰、落叶松尤为突出。在亚热带、热带地区有些树木有巨大的板根，很具气魄；具有气生根的树木，可以形成密生如林、绵延如索的景象，最为典型的植物就是榕树（图3-135）。

3.4.5.4　园林植物的配置

园林植物的配置是按照风景园林设计的意图，因地制宜、适地适树地选择好植物种类，根据景观的需要，采用适当的植物配置形式，完成整个植物造景，体现植物造景的科学性和艺术性的高度统一。园林植物的配置形式很多，环境不同植物配置的形式也不一样，主要由下面几种基本形式演变而成。

图3-135　榕树的气生根景观（郭丽娟　摄）

（1）乔、灌木的配置

① 孤植

园林中的优型树单独栽植时称为孤植，孤植的树木，称之为孤植树。广义地说，孤植树并不等于只种1株树。有时为了构图需要，增强繁茂、葱茏、雄伟的感觉，常用2株或3株同一品种的树木，紧密地种于一处，形成一个单元，给人们的感觉宛如一株多干丛生的大树。这样组合种植的树，也被称为孤植树。

孤植树主要是为了欣赏植物姿态美，因此，植株要挺拔、繁茂、雄伟、壮观，以充分反映自然界个体植株生长发育的景观（图3-136）。孤植树要注意选择植株形体美而大，枝叶茂密，树冠开阔，树干挺拔，或具有特殊观赏价值的树木。生长要健壮，寿命长，能经受重大自然灾害，宜选取当地乡土树种中久经考验的高大树种，并且不含毒素，不产生污染，花果不易脱落且病虫害少。

图 3-136　孤植树罗汉松

孤植树布置的地点要相对开阔，要保证树冠有足够生长空间，要有比较合适的观赏视距和观赏点，使人有足够的活动地和适宜的欣赏位置。最好有天空、水面、草地等色彩单纯的景物作背景，以衬托、突出树木的形体美、姿态美。常布置在大草地一端、河边、湖畔，或布局在可透视辽阔远景的高地上和山冈上。孤植树还可布置在自然式园路或河道转折处、假山蹬道口、风景园林局部入口处，引导游人进入另一景区。或配置在建筑组成的院落中、小型广场上等。

② 丛植

丛植是指一株以上至十余株的树木，组合成一个整体结构。丛植可以形成极为自然的植物景观，它是利用植物进行园林造景的重要手段。一般丛植最多可由 15 株大小不等的几种乔木和灌木，可以是同种或不同种植物组成。

树丛主要反映自然界树木小规模群体形象美，这种群体形象美又是通过树木个体之间的有机组合与搭配来体现的，彼此之间既有统一的联系，又有各自的变化。在风景园林构图上，可用做局部空间的主景或障景、隔景等，同时也兼有遮阳作用，如水池边、河畔、草坪等处，皆可设置树丛。树丛可以是一个种群，也可由多种树组成。树丛因树木株数不同而组合方式各异，不同株数的组合设计要求遵循一定的构图法则。

a. 两株丛植　两株组合设计一般采用同一种树木，或者形态和生态习性相似的不同树种。两株树的姿态大小不要完全相同，俯仰曲直、大小高矮上都应有所变化，动势上要相互呼应。种植的间距一般不大于小树的冠径。

b. 三株丛植　三株组合设计也采用同种树或两种树。若为两种树，应同为常绿或落叶，同为乔木或灌木，不同树木大小和姿态有所变化。最大和最小靠近成一组，中等树木稍远离成另一组，两组之间相互呼应，呈不对称均衡。平面布局呈不等边三角形，忌三株同在一条直线上，也忌等边三角形栽植（图3-137）。

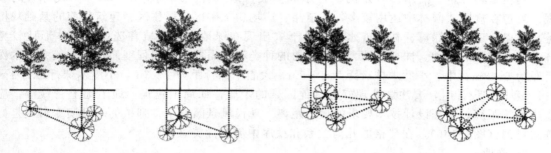

图 3-137 三株丛植平立面图 　　　　　　　　 图 3-138 四株丛植平立面图

c. 四株丛植　四株组合设计采用同种树或两种树。若为两种树，应同为乔木或灌木，树木在大小、姿态、动势、间距上要有所变化。布局时分两组，成 3 : 1 的组合，即三株树按三株丛植进行，单株的一组体量通常为第二大树。平面布局为不等边的三角形或不等角不等边的四边形。忌 2 : 2 的组合，忌平面呈规则的形状，忌三大一小或三小一大地分组，任意的三株不能在一条直线上（图 3-138）。

d. 五株丛植　可分拆成 3 : 2 或 4 : 1 两种形式。分别按照两株、三株丛植的形式进行构图和组合（图 3-139）。

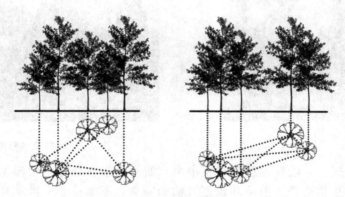

图 3-139 五株丛植平立面图

树丛配置，株数越多组合布局越复杂，但再复杂的组合都是由最基本的组合方式所构成。树丛设计仍要在统一中求变化，差异中求调和。

③ 对植

对植是将两株树按一定的轴线关系作相互对称或均衡的种植方式，在园林构图中作为配景，起陪衬和烘托主景的作用。

a. 对称种植　经常用在规则式种植构图中，在公园或建筑物进出口两旁均可使用。对植最简单的形式是用两棵单株乔木、灌木分布在构图中轴线两侧，必须采用体形大小相同、树种统一，并与对称轴线的垂直距离相等的方式种植。

b. 非对称种植　多用在自然式风景园林进出口两侧及桥头、石级蹬道、建筑物门口两旁。非对称种植的树种也应该统一，但体形大小和姿态可以有所差异。与中轴线的垂直距离大者要近，小者要远，才能取得左右均衡、彼此呼应、动势集中的效果。

对植也可以在一侧种一株大树而在另一侧种植同种的两株小树，或者分别在左右两侧种植组合成分近似的两组树丛或树群。

④ 列植

列植是将乔木、灌木按一定的株行距成排成行地栽种，形成整齐、单一、气势大的景观。列植在规则式园林中运用较多，如道路、广场、工矿区、居住区、建筑物前的基础栽植等，常以行道树、绿篱、林带或水边列植形式出现在绿地中。列植宜选用树冠体形比较整齐、枝叶繁茂的树种。株行距的大小应视树的种类和所需要的郁闭程度而定。一般大乔木株行距为5～8m，中、小乔木株行距为3～5m，大灌木株行距为2～3m，小灌木株行距为1～2m。列植在设计时，要注意处理好与其他因素的矛盾，如周围建筑、地下地上管线等。应适当调整距离，保证设计技术要求的最小距离。现代风景园林中，列植的一种演变形式是树阵式排列（图3-140），在严格的几何关系和秩序中创造优美景观。

⑤ 群植

群植组成树群的单株树木数量在20～30株及以上，主要表现群体美，是构图上的主景之一。应布置在有足够观赏距离的开阔场地上，如靠近林缘的大草坪上、宽广的林中空地上、水中的小岛上、广而宽的水滨、小山坡上、土丘上等。在树群主要立面的前方，至少在树群高度的四倍或宽度的两倍半距离上，要留出空地，以便游人欣赏（图3-141）。

图 3-140　蒲葵列植

图 3-141　群植（郭丽娟　摄）

树群的组合形式，一般乔木层分布在中央，亚乔木层在外缘，大灌木、小灌木在更外缘，这样可以不致互相遮挡。但是其任何方向的断面，不能像金字塔那样机械，应起伏有致，同时在树群的某些外缘可以配置一两个树丛及几株孤植树。树群内树木的组合要结合生态条件进行考虑，树群的外貌要高低起伏有变化，要注意四季的季相变化和美观。树群的植物选择要考虑植物间的相互作用，尤其是植物间的他感作用。

⑥ 林植

凡成片成块大量栽植乔木、灌木构成林地或森林景观的称为林植。多用于大面积的公园安静休息区、风景游览区或休（疗）养院及卫生防护林带。林植可分为疏林、密林两种。

a. 疏林　郁闭度在0.4～0.6之间（郁闭度是指森林中乔木树冠遮蔽地面的程度），常与草地相结合，故又称疏林草地。疏林草地是风景区中应用最多的一种形式，也是林区中吸引游人的地方（图3-142）。

图 3-142　疏林草地

不论是鸟语花香的春天、浓荫蔽日的夏日，还是晴空万里的秋天，游人总是喜欢在林间草坪上休息、游戏、看书、摄影、野餐、观景等活动，即使在白雪皑皑的严冬，疏林草坪内依然别具风格。所以疏林中的树种应该具有较高的观赏价值，树冠应开展，树荫要疏朗，生长要强健，花和叶的色彩要丰富，树枝线条要曲折多姿，树干要好看，常绿树与落叶树的比例要合适。树木种植要三五成群，疏密相间，有断有续，错落有致，构图应生动活泼。

b. 密林　郁闭度在 0.7～1 之间，光线比较阴暗，然而在空隙地里透进一丝阳光，加上潮湿的雾气，在能长些花草的地段，也能形成奇特迷离的景色。但由于地面土壤潮湿，地块中植物的特殊性，不宜践踏，故游人不宜入内活动。

密林种植要注意常绿与落叶、乔木与灌木的配合比例，以及植物对生态因子的要求。在采用常绿树种和落叶树种的比例上，华北地区常绿树为 30%～50%，落叶树为 50%～70%；长江流域常绿树为 50%，落叶树为 50%；华南地区常绿树为 70%～90%，落叶树为 10%～30%。为了提高林下景观的艺术效果，水平郁闭度不可太高，最好在 0.7～0.8 之间，以利于地下植被正常生长和增强可见度。

随着城市环境的恶化，人们希望寻找自然的植物景观，呼吸新鲜空气。因此，"拟自然景观"的群落化栽植（群植与林植）是现代风景园林植物配置的关键方法，是实现生态文明的重要途径，它能够体现风景园林地域特色，避免不合理的树种搭配，对生物多样性保护和促进城市生态平衡有重要意义。

图 3-143　杭州太子湾公园

拟自然的植物群落的基本方法是，尽可能地提高生物多样性、主要植物栽植密度。既要注重观赏特性又要考虑生态习性相适应；应用乡土树种和引种成功的外来树种，以植物群落为绿化的基本单元，再现地带性的群落特性。顺应自然规律，增强绿地的稳定性和抗逆性，减少人工管理力度，最终实现风景园林的可持续维持与发展。如美国纽约中央公园、杭州太子湾公园（图 3-143）的人工群落都是"拟自然景观"的成功案例。

⑦　林带

在风景园林设计中，林带多应用于周边环境、路边、河滨等地。一般选用 1～2 种树木，多为高大乔木，树冠枝叶繁茂，具有较好的遮阳、降噪、防风、阻隔遮挡等功能。林带一般郁闭度较高，多采用规则式种植，亦有不规则形式。株距视树种特性而定，一般为 1～6m。小乔木窄冠树株距较小，树冠开展的高大乔木则株距较大。总之，以树木成年后树冠能交接为准。林带设计常用树种有水杉、杨树、栾树、桧柏、山核桃、刺槐、火炬松、白桦、银杏、柳杉、池杉、落羽杉、女贞等。

⑧　绿篱

凡是由灌木或小乔木以近距离的株行距密植，栽成单行或双行，紧密结合的规则的种植形式，称为绿篱、植篱、生篱。因其可修剪成各种造型并能相互组合，从而提高了观赏效果。此外，绿篱还能起到遮盖不良视点、隔离防护、防尘防噪等作用。

根据高度不同，绿篱可分为高度在 160cm 以上的绿墙、高度在 120～160cm 的高绿篱、高度在 50～120cm 的最常见类型绿篱、高度在 50cm 以下的矮绿篱。绿墙可遮挡视线，能创造出完全封闭的私密空间；高绿篱能分隔造园要素，但不会阻挡人的视线；膝盖高度以下的矮绿篱给人以方向感，既可使游人视线开阔，又能形成花带、绿地或小径的边界。

根据功能与观赏要求不同，绿篱有常绿篱、花篱、彩叶篱、观果篱、刺篱、蔓篱、编篱等几种。各种绿篱精心设计，可创造出精美的图案、丰富的层次，如法国古典主义园林利用绿篱营造的模纹图案（图3-144）。常用的绿篱植物有水蜡、榆树、紫丁香、黄杨和叶子花。

迷宫和模纹图案是西方园林中一种古老的形式，是利用绿篱形成错综复杂、容易令人产生困惑的网络系统的种植方法，它具有很多种形状及变化尺度，其迂回曲折的形态能够引发人们深层次的思考。

图3-144　法国古典主义园林利用绿篱营造的模纹图案　　　　图3-145　心形花坛

（2）花卉的配置

① 花坛

花坛是在一定范围的畦地上按照整形式或半整形式的图案栽植观赏植物以表现花卉群体美的园林设施。在具有几何形轮廓的植床内（图3-145），种植各种不同色彩的花卉，运用花卉的群体效果来表现图案纹样或观赏盛花时绚丽景观的花卉运用形式，以突出色彩或华丽的纹样来表示装饰效果。

花坛主要用在规则式园林的建筑物前、入口、广场、道路旁或自然式园林的草坪上。作为主要的观赏景致，花坛布置的形式和环境要协调，花坛的设计强调平面图案，要注意俯视效果，当花坛直径大于10m时，可设计成斜面或弧形花坛形式（图3-146）。盛花花坛植物的选择以色彩构图为主，故宜用一二年生草本花卉或球根花卉，很少运用木本植物和观叶植物；模纹花坛以表现图案为主（图3-147），最好用生长缓慢的多年生草本观叶植物，也可少量运用生长缓慢的木本观叶植物。

图3-146　时钟花坛

图3-147　模纹花坛图案设计图

② 花境

花境是以多年生花卉为主组成的带状地段，布置采取自然式块状混交，表现花卉群体的

图 3-148　花境的平面布置

自然景观。它是风景园林中从规则式构图到自然式构图的一种过渡的半自然式种植形式。花境主要表现花卉丰富的形态、色彩、高度、质地及季相变化之美（图 3-148）。

花境一般认为起源于英国。在英国皇家贵族的大型花园或普通居民的小型花园都少不了花境的布置，并且广泛地被其他国家效仿和创新，成为国际性的一门植物造景艺术。生态花境设计是近些年的发展趋势。

生态花境的设计方法就是要把植物的株形、株高、花期、花色、质地等主要观赏特点进行艺术性地结合和搭配，最终创造出优美的群落景观。例如有的花卉有较长的花期，应尽量做到让不同品种花卉的花期能分散于各季节；有些花卉的花序有差异，有水平线条与竖直线条的交叉，要注意这些线条的组合效果；有些花卉有较高的观赏价值，如芳香植物、观叶植物、花形独特的花卉、花叶均美的植物材料等，要在设计的初期适当地选择一部分这样的植株。

生态花境所选用的植物材料以能越冬的观花灌木和多年生花卉为主，要求四季美观又有季相交替，一般栽植后 3～5 年不更换。花境分为单面观赏和双面观赏两种。单面观赏的花境多布置在道路两侧或草坪四周，一般把矮的花卉种植在前面，高的花卉种植在后面。双面观赏的花境多布置在道路中央，一般高的花卉种植中间，两侧种植矮一些的花卉。如加拿大布查特花园优美的花境景观（图 3-149）。

生态花境的布置地点很多，构建方法灵活多样，一般建于风景园林绿地区界的边缘，最好以乔木、灌木作背景。如清水绿带工程的水边、沿江各单位的围墙（栅栏）外边、小游园的灌木前、建筑物的前面、大草坪的边缘、公园林间小路的两旁、城区各广场的绿地里、主要街路的分车带内、古典园林的庭院和各类花园中。

图 3-149　路旁花境

③ 花台

花台是在高出地面几十厘米的植床中栽植花木的形式。花台的外形轮廓一般都是规则的，而内部植物配置有规则式的，也有自然式的。

花台最初用于栽植名贵的花木，非常注重植株的姿态和造型，常在花台中配置山石、小草等，属于自然式的植物配置形式，中国古典园林中常见。

现代风景园林中的花台更像是小而高的花坛，在外形规则的种植槽中规则地种植一、二年生花卉。与花坛相似，花台有单个的（图 3-150），也有组合型的，如有的将花台与休息座椅相结合。现代花台的种植槽已演变为可移动的、外形简洁多样的花钵，多设于广场、庭院、台阶旁、墙下、路边等（图 3-151）。

图 3-150　单个花台　　　　　　　　　　　　　图 3-151　花台（郭丽娟　摄）

④ 花池

花池是在特定种植槽内栽种花卉的形式。花池的主要特点在于其外形轮廓可以是自然式的，也可以是规则式的，内部花卉的配置以自然式为主。因此，与花坛的纯规则式布置不同，花池是纯自然式或由自然式向规则式过渡的风景园林形式。自然式花池外部种植槽的轮廓和内部植物配置都是自然式的。

自然式花池常见于中国古典园林，其种植槽多由假山石围合，池中花卉多以传统木本名花为主体，衬以宿根花卉。

规则式花池外部种植槽的轮廓是规则式的，内部植物配置是自然式的。规则式花池常见于现代风景园林中，其形式灵活多变，有独立的，有与其他园林小品相结合的。

⑤ 花丛

花丛是将大量花卉成丛种植的花卉应用形式。花丛没有人工修砌的种植槽，从外形轮廓到内部植物配置都是自然式的，属纯自然式的园林应用形式。

花丛在风景园林中的应用极其广泛，它借鉴了天然风景区中野花散生的景观，可以布置在林下、岩石中或溪水边、自然式的草坪边缘等，将自然景观相互连接起来，从而加强园林布局的整体性。

（3）草坪的配置

规则式园林和自然式园林中都有草坪的应用，草坪是风景园林设计中不容忽视的内容之一。根据草坪在园林中规划的形式可分为以下两类。

① 自然式草坪　主要特征在于充分利用自然地形，或模拟自然地形的起伏，形成开阔或闭锁的原野草地风光。自然起伏的大小应该有利于机械修剪和排水，一般允许有3%～5%的自然坡度来埋设暗管以利排水。为加强草坪的自然态势，种植在草坪边缘的树木应采用自然式（图 3-152），再适当点缀一些山石、树丛、孤植树等增加景色变化（图 3-153）。

② 规则式草坪　在外形上具有整齐的几何轮廓，一般用于规则式的园林中或花坛、道路的边饰物，布置在雕像、纪念碑或建筑物的周围起衬托作用，有时为了增加草坪花坛的观赏效果，可在边缘饰以花边，红花绿草，相互衬托，效果更好。在草种选择上，北方多用高羊茅草、羊胡子草、野牛草等，而南方则常用结缕草、假俭草等，为了达到四季常青的效果，常采用混合的方式来种植。

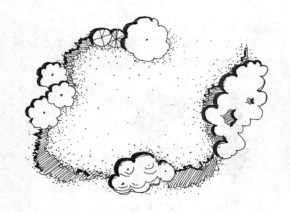

图 3-152　草坪边界的圆滑曲线及树木的自然形式

图 3-153　自然式草坪（高铭轩　摄）

3.4.5.5　园林植物的表现方式

（1）园林植物平面表现方式

① 树木的平面表现方式（图 3-154、图 3-155）

a. 轮廓型　只用线条勾勒出轮廓。

b. 分枝型　只用线条的组合表示树枝或树干的分叉。

c. 枝叶型　表示分枝及树冠，树冠用轮廓表示。

d. 质地型　只用线条的组合表示树叶。

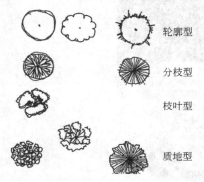

图 3-154　单株树木的平面表现方式

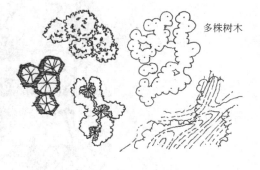

图 3-155　多株树木的平面表现方式

② 灌木和地被植物、草坪的平面表现方式　如图 3-156、图 3-157 所示。

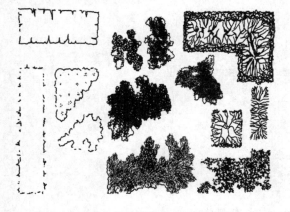

图 3-156　灌木和地被植物的平面表现方式

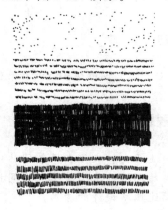

图 3-157　草坪的平面表现方式

（2）园林植物的立面表现手法

树木的立面表现形式有写实的，也有图案化的或稍加变形的。树木植株的平面形态应改与立面对应（图 3-158），植物的平面种植形式应与其立面形成对应关系（图 3-159）。

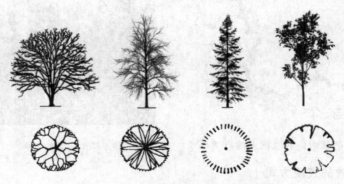

图 3-158　树木植株平面图、立面图

图 3-159　树木种植平面图与立面图的关系

推荐读物

[美]诺曼·K. 布思. 1989. 风景园林设计要素. 曹礼昆，曹德鲲. 译. 北京：中国林业出版社.

课后思考题

1. 简述历史、文化在风景园林中的作用及表达。
2. 自然环境的生态特征与空间特征有哪些？
3. 简述园路设计的原则。
4. 风景园林中，对自然地形的整理（改造）方式有哪些？

5. 对自然式园林中溪涧平面形态进行构图设计，并对形态特征在图上进行说明。

6. 风景园林水体设计中，画出大型水面设计要点，并简要进行文字说明。

本章思考与拓展

随着我国新型城镇化建设的深入和美丽乡村的提出，乡村旅游、古村落保护、城镇规划、乡村建设等成为继城市化运动之后的乡村环境提升运动的关键词，乡土景观设计成为一种新的景观设计视角，被越来越多的设计者关注。

参考文献

唐学山，李雄，曹礼昆．1997．园林设计[M]．中国林业出版社．

李铮生．2006．城市园林绿地规划与设计[M]．北京：中国建筑工业出版社．

同济大学．1982．城市园林绿地规划[M]．北京：中国建筑工业出版社．

刁俊明．2007．园林绿地规划设计[M]．中国林业出版社．

丁圆．2008．景观设计概论[M]．高等教育出版社．

杨赉丽．2006．城市园林绿地规划（第二版）[M]．北京：中国林业出版社．

黄东兵．2005．园林绿地规划设计[M]．北京：高等教育出版社．

黄东兵．2003．园林规划设计[M]．北京：中国科学技术出版社．

丁绍刚．2008．风景园林概论[M]．北京：中国建筑工业出版社．

第4章 景观空间构建

本章的重点与难点

　　重点：深入了解景观空间的构成、空间的界面和空间限定类型。
　　难点：学习景观空间构成原理，掌握景观空间围合程度变化规律。

导言

　　景观是从空间设计开始的，创造连续的空间效果是景观设计师想要实现的设计目标。芦原义信《外部空间设计》：外部空间是由人创造的有功能的外部环境，是从自然当中框定的空间。景观往往也是信息共享空间。图4-1为某水池中的下沉空间。

图4-1　某水池中的下沉空间

4.1　景观空间构成

　　景观设计不等同于"平面设计"，景观空间的划分不应迁就于平面构图，以免导致空间的不完整。

　　景观总平面图是将空间的形态、尺度、围合等以平面的方式加以表达，但其实质是从三维出发的。

　　景观空间不同于建筑空间，没有完整、固定的"外表皮"，缺乏明确的界定，是"步移景异"的，因此空间界面也是变化的、非连续的。

　　由于空间界定的不确定性，景观空间更加关注和强调内外空间的贯穿和交互，类似于莫比乌斯环。同时景观空间不再是静态的三维空间，而是加入了时间维度的四维空间。

4.1.1　景观空间界面

　　英国雕塑家亨利·斯宾赛·摩尔（Henry Spencer Moore，1898—1986）认为"形体和空间是不可分割的连续体，它们在一起反映了空间是一个可塑的物质元素"。

　　景观空间的限定主要依靠界面形成。界面指限定某一空间或领域的面状要素。空间的界面由底界面、竖界面和顶界面三个部分共同组成。

4.1.1.1　底界面

　　（1）具有承载人们活动、划分空间领域和强化景观视觉效果等作用。

　　（2）构成底界面的质地、平整度、色调、图案等不同（图4-2）。

图4-2　从"软质"到"硬质"的底界面

　　（3）底界面按表面特征可分为：

　　① 软质底界面　主要由土壤、植物所组成，如草坪、地被植物等。具有可变性。

　　② 硬质底界面　由各种硬质的整体材料或块状材料所组成。依材料的不同，可由砂石、面砖、条石、混凝土、沥青、木材等组成。硬质的地面图案能影响人的心理和行为。

　　③ 水面　水的虚幻、倒影可衬托建筑（基底作用），同时由于水的流动性而使得建筑环境生机勃勃。

4.1.1.2　竖界面

　　建筑物外墙、树木、景墙、水幕、水帘等均可构成外部空间的竖界面（图4-3）。

　　竖界面是人们的主要观赏面，包括建筑、构筑物、设施、植物等，其高度、比例、尺度与围合程度的不同会形成不同的空间形态。

　　景观空间中的竖界面具有多孔、非连续性特征（"虚界面"）（图4-4）。

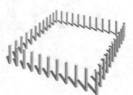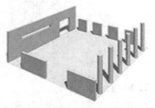

图4-3　竖界面　　　　　　　　　图4-4　多孔、非连续性特征（"虚界面"）

4.1.1.3　顶界面

　　顶界面在景观环境中占比小，具有不确定性（图4-5）。

顶界面包含：

（1）植物树冠构成的室外"天花板"。

（2）构筑物、景观小品构成的明确的顶界面。

4.1.2 空间的限定类型

从构成空间的最终形态来看，空间的限定有 7 种类型：围合、设立、覆盖、凸起、下沉、托起、变化质地。

4.1.2.1 围合

围合是最典型的空间限定方式，竖界面的运用是形成空间最明显的手段（图 4-6）。

竖界面常用的元素有建筑、植物、景墙等。

限定元素的质感、透明度、高低、疏密等不同，空间的限定程度也有差异。

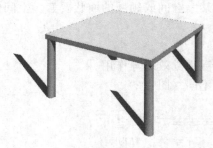
图 4-5 顶界面

图 4-6 围合

4.1.2.2 设立

设立是以高度明显的柱状物体（标志物）形成空间的一种空间限定方式，离物体越近，空间感越强（图 4-7）。

若不加上其他限定手段，设立所限定的空间边界是模糊的。

4.1.2.3 覆盖

空间的四周是开敞的，顶部用构件限定。通常由建筑屋顶或乔木树冠形成（图 4-8）。

图 4-7 设立

图 4-8 覆盖

4.1.2.4 凸起

凸起是将部分底面升高，其形成的空间高出周围底面，有展示、强调、突出、防御等作用，易形成视觉焦点（图 4-9），表现为土丘或阶梯式。

4.1.2.5 下沉

下沉是将部分底面凹进周围空间的一种空间限定形式。如城市中的下沉广场（图 4-10），采用垂直空间的高差处理划分场地，产生空间的围合感。

图 4-9　凸起

图 4-10　城市中的下沉广场

4.1.2.6　托起

托起是将底面与地面分离，以某种方式架构起来呈悬浮状。在托起的景观平台（图 4-11）下方形成了从属的限定空间，活跃了空间形式。

4.1.2.7　变化质地

在不改变标高的情况下，以材料、颜色、肌理等的改变区别不同的空间。

（1）软质铺装　以草坪、花卉、铺地灌木在地面划分空间效果。

（2）硬质铺筑　材料如石材、混凝土、砖、沥青、木材等，材质及铺装图案、质感、色彩的变化给空间限定提供了多样的表现手段（图 4-12）。

图 4-11　托起的景观平台

图 4-12　铺装材料的变化

4.2 景观空间的围合度

外部空间的围合界面分为虚、实两种界面。

① 实界面 指连续的物体所形成的围合界面。

② 虚界面 指在空间中有一定的阻隔且存在相互关联的因素，也称为心理界面。

空间的围合程度取决于视线距离（D）与建筑高度（H）之比。传统广场空间，D/H 在 3：1 之间。此空间不封闭，观察者倾向于将背景看成突出于整体背景中的轮廓线。

景观空间围合度的变化依托立面和平面两个方面。

4.2.1 立面

D/H 变化规律：

$D/H＝1：1$，视角为 45°时，空间围合度高，能看清景观细部。

$D/H＝2：1$，视角为 27°时，空间围合度中等，能看清实体整体。

$D/H＝4：1$，视角为 14°时，空间围合度较低，能看清景物轮廓线（图 4-13、表 4-1）。

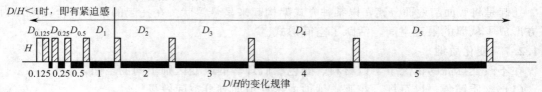

图 4-13 D/H 变化规律

表 4-1 视距、视角与观察对象间的变化规律

D/H	垂直仰角	观察范围	观察范围	围合感	人的感受
<1	>45°	观察对象容易产生透视变形			压迫感，建筑间相互影响较强
=1	45°	观察者能看清实体的细部	水平视角偏大，要在动态中观察	空间围合感极强	空间比例较匀称、平衡
=2	27°	观察者能看清实体的整体	在注视中心 60°内，观察景观主体较理想	空间围合感适中	空间感觉很紧凑
=3	18°	观察者能看清实体与周围背景	观察建筑总体	空间围合感较小	空旷感
=4	14°	观察者能看清建筑轮廓	在注视中心 30°内，清晰度较高	空间围合感的特性趋于消失，得到开敞的空间感	广场的封闭性开始减弱
=5	11°20′	观察者可以看到建筑与环境的关系	水平视角偏小，视觉较分散		建筑间相互影响很弱
>5		视野范围内目标分散，干扰因素多，只能研究景物大体形态			

4.2.2 平面

围合感的关键在于空间边角的封闭。边角封闭程度越高，空间的围合度越高。围合度较高的景观空间具有内聚性和向心性；反之，空间较自由、开敞（图 4-14）。

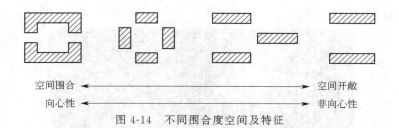

空间围合 ←——————————————————→ 空间开敞

向心性 ←——————————————————→ 非向心性

图 4-14　不同围合度空间及特征

4.2.3　依围合程度的空间分类

（1）开敞空间

开敞空间指空间围合程度很低、视线通透的空间环境。如公园景观设计中常利用宽阔的水面形成视线通透的空间，增强景观开阔性（图 4-15）。

图 4-15　开阔水面形成的开敞空间

（2）半开敞空间

半开敞空间指具有一定的围合，又不是完全封闭的空间环境。如通过景墙的围合构成的半开敞空间（图 4-16）。

图 4-16　景墙构成的半开敞空间

（3）封闭空间

封闭空间的围合感很强，产生向心性的空间感。以绿篱围合形成的迷宫花园体现了封闭空间的魅力（图 4-17）。

图 4-17　绿篱围合形成的封闭空间

4.3　景观空间的密度

景观空间密度是指景观环境中景观要素在一定空间容积中所占比例。景物要素密集使人感到幽闭、静谧，深感不安、恐惧（图 4-18）。

图 4-18　树木密集的树林

景物要素稀疏使人感到轻松愉悦（图 4-19）。

图 4-19　重庆中央公园大草坪

高密度种植短期内效果良好，但长期来看不利于植物生长，易造成空间视觉淤塞（图4-20）。

图4-20　高密度种植

4.4　景观空间的层次

空间可按其功能确定其层次。

按围合度分：开敞—半开敞—封闭空间

按私密性分：公共—半公共—私密空间

按动静程度分：动态—中间性—静态空间

按喧嚣程度分：嘈杂—中间性—宁静空间

空间的不同层次对空间范围的大小、空间密度、景观小品选择与布置均有不同要求。

4.5　景观空间的序列

景观的动态序列：风景园林的展现，静态观赏是相对的、暂时的，动态观赏是绝对的。在道路网的诱导串联下，成为动态的连续构图。

通过空间的开、合、收、放、阴暗和光影的交替反复，藏露隐现，建筑空间与风景园林空间的流动渗透，去构建景观空间序列。

景观空间的序列有起景（开端）—高潮两个阶段，通常分为：起景（开端）—高潮—结束三个基本阶段；可拓展为：起景—过渡（发展）—高潮—起伏—尾声五个阶段（图4-21）。

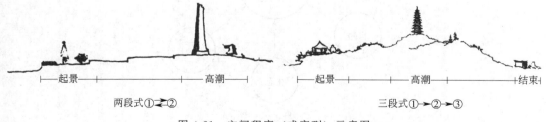

图4-21　空间程序（或序列）示意图

4.6 整体化的景观空间构建

　　整体化的景观空间构建是在景观系统观的前提下，分门别类对不同层面上的问题加以考察，将系统的各种因素结合起来考虑，将其有机地结合为一个整体。

　　空间的形式、要素与周边的反差是产生特征的前提。形式或不同要素之间组成关联的异常变化可形成形式新颖的个性化景观空间单元。不同景观空间单元的差异化越强，其景观特征也就越鲜明。规划设计师在整体环境把控中既要强调某一部分景观空间的差异化，也应避免与大环境相脱节，要有恰当的把握。空间形态特征的差异化和个性化是一个相对的概念，在与周边环境要素的比较中产生，过度地强调差异化往往会形成空间的混乱，适得其反。

　　景观空间由不同功能单元组合而成，不同的功能单元形成具有整体性的网络空间格局。人们对于某一环境的整体概念来自于不同的典型的风景园林空间与节点，然而所生成的总体印象却不再是个体的、孤立的，而是整体的、综合的印象。武汉东湖风景区是以大型自然湖泊为核心，湖光山色为特色，集旅游观光、休闲度假、科普教育为主要功能的旅游景区（图 4-22），风景区包含 12 个大小湖泊，120 多个岛渚，112km 湖岸线曲

图 4-22　武汉东湖风景区

折，环湖 34 座山峰绵延起伏，给人的总体景象是"山水与洲屿"的空间特征，其中特异化的景象要素决定了景观环境的整体特性。

　　不同层面的问题，如场地信息的解读、人的潜在行为与预期行为的研究、生态条件研究、即有空间特征研究，将它们整合起来，抓住主要矛盾兼顾各层面，构建的景观空间即具有整体性（图 4-23）。

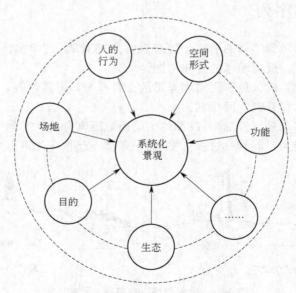

图 4-23　建构系统化的景观空间

推荐读物

[丹麦]扬·盖尔（JanGehl）.2002.交往与空间.何人可,译.北京:中国建筑工业出版社.

[日]芦原义信.2017.外部空间设计.尹培桐,译.南京:江苏凤凰文艺出版社.

丁绍刚.2008.风景园林概论.北京:中国建筑工业出版社.

顾馥保.2010.现代景观设计.武汉:华中科技大学出版社.

课后思考题

1. 简述景观空间构造与建筑空间构造的区别。
2. 列举学校 3 处景观限定空间类型。
3. 结合自己实际经历，简述空间围合度变化带来的实际感受。
4. 列举近现代风景园林作品中的空间类型。
5. 选择一个实际案例对其分析景观空间序列和空间构建。

本章思考与拓展

　　2021 年 1 月 3 日召开的中央财经委员会第六次会议，研究了黄河流域生态保护和高质量发展问题、推动成渝地区双城经济圈建设问题。习近平在会上发表重要讲话强调，黄河流域必须下大力气进行大保护、大治理，走生态保护和高质量发展的路子；要推动成渝地区双城经济圈建设，在西部形成高质量发展的重要增长极。这将对成都与重庆城市空间形态规划造成什么影响？

参考文献

丁绍刚.2008.风景园林概论[M].北京:中国建筑工业出版社.

陈伯超.2010.景观设计学[M].武汉:华中科技大学出版社.

成玉宁.2010.现代景观设计理论与方法[M].南京:东南大学出版社.

顾韩.2014.风景园林概论[M].北京:化学工业出版社.

盖尔.2002.交往与空间[M].何人可,译.北京:中国建筑工业出版社.

第5章　风景园林中的生态学与景观生态学原理

本章的重点与难点

重点：掌握生态学和景观生态学的基本概念和原理。
难点：理解生态学与景观生态学在风景园林中的应用。

导言

"生态"一词一直伴随着风景园林的诞生与发展，从最初的顺应自然、模仿自然，到后来的生态规划、可持续发展理念，再到如今的生态文明等，生态思想的内涵也随着风景园林学科的发展而不断地发展和创新。图5-1为林-田-宅共生系统——广西龙脊梯田景色。

图5-1　林-田-宅共生系统——广西龙脊梯田

5.1　风景园林中的生态学原理

5.1.1　生态学概念与内涵

生态学源于希腊文"Oikos"，原意是房子、住所、家务或生活所在地，"ecology"是生物生存环境科学，是研究生物与环境之间相互关系及其作用机理的科学。

生态学按照研究对象的组织层次可划分为七层，即个体生态学、种群生态学、群落生态学、生态系统生态学、景观生态学、区域生态学和全球生态学（图 5-2）。高组织层次的研究都以下一层次的对象为基本要素。例如，在生态系统生态学、群落生态学、种群生态学、个体生态学四个层次中，种群重点研究个体之间的关系，群落重点研究种群间关系，生态系统则重点研究生物群落和非生物环境的复合体等。随着研究组织层次的提升，研究的空间尺度趋于增大，而单位空间的可辨析程度则趋于下降。例如，最高层次的全球生态学研究尺度，已扩展至整个大气圈、水圈、生物圈和岩石圈，而景观生态学的空间范围通常在几平方公里至数百平方公里，因此其单位空间的可辨析程度要大于全球生态学。

除了生物与环境的关系外，结构-功能-动态是所有层次的研究共同关注的三大核心内容。例如，群落生态学研究的群落与环境、各个种群间的相互作用关系是功能的研究，群落的组成、结构及分布是结构的研究，而动态演替及群落的自我调节则是群落的动态研究。同样，景观结构、景观功能和景观动态也是景观生态学研究中的核心内容。

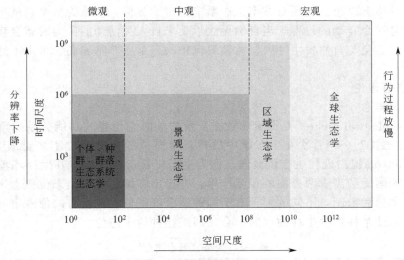

图 5-2　生态学不同层次的时空尺度特征

5.1.2　生态学发展历程

生态科学的发展是一个逐步渐进的过程，18～19 世纪生物学复兴阶段，虽然生态学一次还未正式提出，但许多学者已经开始对食物链、种群动态、生物生产力等生态学核心内容进行研究。1866 年，德国生物学家赫克尔（Ernst Haeckel，1834—1919）提出"生态学"一词，并将其定义为"研究有机体及其周围环境的科学"（尚玉昌，2003）。约 1900 年开始，生态学成为一门独立的学科，1935 年，英国生态学家坦斯利（A. G. Tansley）首次提出"生态系统"的概念。至 1960 年前后，生态系统逐渐成为生态学的研究前沿，现代生态学也应运而生。

生态学目前被划分为经典生态学和现代生态学两大类。经典生态学是研究生物及环境之间相互关系的学科，偏重于对动物或植物与其生存环境间关系的研究。现代生态学则将人类纳入生态系统之中，研究人与生物圈之间的相互作用，系统理论在此得到广泛应用（欧阳志远，1966；廖飞勇，2010）。

生态学的发展方向呈现综合化、交叉化的趋势，它的研究对象也从自然生态向人工生态转变，研究尺度从中尺度向宏观与微观两个方向扩展（贾保全等，1999）。当前，分子生态学、景观生态学、区域生态学、全球生态学等分支学科已进入全面发展时期，并逐渐成为生态学研究的前沿和热点。

5.1.3 生态学重要理论

生态学观念对现代风景园林设计理念产生了深远的影响，生态化的景观设计，强调从场地环境组成的各个要素出发，建立一种全面、系统的框架，力图实现人与环境的相互平衡与协调。

1962 年，美国生态作家雷切尔·卡逊（Rachel Carson，1907—1964）出版著作《寂静的春天》（Silent Spring），把人们从工业时代的富足梦想中唤醒，使人们开始意识到环境和能源危机。风景园林设计流露出对人与自然关系的关注，这是对自然和文化的全新认识。1969 年英国著名风景园林师、规划师及教育家麦克·哈格（Ian Lennox McHarg）在其著作《设计结合自然》（*Design with Nature*）中首次提出了运用生态主义的思想和方法来规划和设计自然环境的观点。在他看来："在设计建造一座城市的时候，自然与城市两者缺一不可，设计者需要着重考虑的是如何将两者完美地结合起来。"其中包含着他将人类和自然看成是一个有机整体的生态思想。他还对城市生态系统进行了分析，他认为整个自然生态系统与人类的各种活动是一个互动的过程，当自然无法承受来自人类活动的压力时就会崩溃，因此人类活动应该尽量避免与自然发生冲突；尤其要保护的是某些非常脆弱、根本不适合人类活动的生态环境。

5.1.3.1 生态位理论

（1）生态位概念

生态位（ecological niche）是衡量物种在群落中的时空位置及功能关系的重要依据，自从 1910 年"生态位"一词首次在生态学中出现，生态位的定义经过了多重演变（表 5-1）。1957 年 Hutchinson 提出现代生态位概念，认为生态位是指有机体与其生存环境之间所有关系的总和，强调耐受和需求两方面的相互作用，并提出多维超体积生态位概念，即生物受多个资源因子的供应和限制，不同的因子有不同的适合度阈值，在所有阈值限定的环境资源组合状态上，能够让某种物种生存的点的集合，即该物种的生态位。

表 5-1 生态位概念演变

时间	提出者	概念	解读
1917 年	Grinnell	恰好被 1 个种或亚种所占据的最后分布单位(R. M. 梅,1980)	侧重从生物空间分布的角度进行栖息地的再划分,其实质是空间生态位(spatial niche)
1927 年	Elton	物种在生物群落中的地位和角色(赵惠勋,1990)	强调生物在群落中的功能作用及其与其他物种间的营养关系,其实质是功能生态位(functional niche)
1934 年	Gause	特定物种在生物群落中所占据的位置,即其生境、食物和生活方式等(Gause,1934)	提出 2 个种在利用统一资源出现相似性时,会出现竞争和排斥,其实质是功能生态位(functional niche)
1957 年	Hutchinson	有机体与其生存环境所有关系的总和（Hutchinson, 1957),强调耐受和需求两方面的相互作用	引入数学的点集理论,认为生物受多个资源因子的供应和限制,不同的因子有不同的适合度阈值,在所有阈值限定的环境资源组合状态上,能够让某种物种生存的点的集合,即该物种的生态位。其实质是多维超体积生态位(n-dimensional hyper-volume niche)

时间	提出者	概念	解读
1959 年	Odum	物种在群落和生态系统中的位置和状态,决定了该生物的形态适应、生理反应和特有行为(Odum,1983)	强调生物本身在群落中所起的作用

（2）生态位分类

现代生态位以 Hutchinson 的多维超体积概念为基础，认为每种生物在特定环境中会受到若干环境因子（温度、湿度、营养等）的影响，每一个因子都会对应一个适合的阈值来保障生物可在此范围内生存。因此 Hutchinson 通过数学的抽象方式，将所有的阈值包含的区域进行组合，所有的这些组合点，就是该生物在此环境中的多维超体积生态位。多维超体积生态位为现代生态位理论研究奠定了基础，对生态位的定量研究起着重要的推进作用。

根据对生态位研究的切入角度和研究对象化来看，生态位大致可从时空生态位和功能生态位两个角度进行分类（表 5-2）。

表 5-2　生态位分类

角度	分类	说明
时空生态位	时间生态位	时间生态位描述在特定的群落环境中,随着时间的改变,物种的生态位发生变化的情况。如在某一鹭类自然保护区,利用时间生态位可以对不同月份中鹭的繁殖、栖息区域进行观测等
	空间生态位	空间生态位是对生物在空间上的分布情况进行研究,如在某一鹭类自然保护区,利用空间生态位可以对白鹭的水平分布和垂直分布(筑巢高度)进行研究
功能生态位	种群生态位	主要针对特定群落中某种种群进行研究,例如此物种与其他物种
	群落生态位	建立在对组成群落的多个物种的生态位的研究上,以此研究群落结构组成、群落演替(succession)等问题

需要说明的是，根据多维超体积生态位理论，影响生态位的各类因素是综合存在的，因此，在实践中，以上分类的各种生态位并不是单独指导实践，时间与空间的变化都会对物种的生态位产生影响，对种群生态位的研究是研究群落生态位的必要条件。

（3）生态位测度

生态位的概念非常抽象，因此在对生态位进行描述时，通常通过一些指标进行刻画，其中最常用的两个指标是生态位宽度（niche breadth）和生态位重叠（niche overlap）

① 生态位宽度

生态位宽度又称为生态位广度、生态位大小，生态学家对生态位含义的认识不同，对生态位宽度的内涵也有不同界定，如在资源有限的多维空间中，资源被一物种所利用的比例、种类生境多样性权重的平均值等。

一般我们可以把生态位宽度理解为物种适应环境和利用资源的实际程度或潜在能力。生态位宽度越大，物种能适应的环境梯度［即环境变化范围（environment gradient）］越大，利用资源的能力越强，分布范围越广。相反，生态位宽度越小，物种能适应的环境梯度越小，利用资源的能力越弱，分布范围越小。一般情况下，草本植物的生态位较宽，处于优势地位，适应性较强，对环境资源的利用范围较大，成为先锋物种（pioneer population，某一新的环境条件下最初出现的物种）。对环境因子要求越多的物种，生态位宽度越窄。同理，生态位宽度越窄的物种，对环境因子的要求也越多。

　　一般情况下，物种在没有竞争者和捕食者时所拥有的生态位更宽，但实际由于竞争的存在，物种实际占有的生态位会更小，由此可将生态位分为基础生态位和实际生态位。基础生态位描述物种生存的所有潜能，而实际生态位描述在竞争和捕食存在的情况下，能够允许物种延续的更为有限的条件和资源范围。

　　② 生态位重叠

　　生态位重叠是计算生态位的重要指标，一般将生态位重叠定义为多个物种的生态位宽度所表现出的共同性和相似性。

　　生态位重叠是若干物种生活于同一空间时分享或竞争共同资源的现象，重叠值越大，物种间对资源的竞争就越厉害；重叠值越小，对资源的竞争就越小。若干物种的生态位出现重叠时，生态位重叠越多表明这两个物种在适应环境和利用资源方面所表现出的共同性或相似性越大。物种生态位重叠度大时，如果环境资源有限，种间会发生竞争，直到达到平衡，有时甚至会导致一个物种的消失。生态位宽度较大的物种，它们之间的生态位重叠度不一定大；生态位宽度小的物种，其生态位重叠度不一定小。生态位重叠主要取决于物种间适应环境和利用资源的程度是否相同或相似。对环境因子要求越多的物种，生态位宽度越窄。同理，生态位宽度越窄的物种，对环境因子的要求也越多（图5-3）。

(a) 河滩湿地中，白茅生态位宽度最大，即白茅占据主要生态位

(b) 荒坡地中，白茅、问荆、芦苇等存在明显的生态位重叠

图 5-3　不同生境中植物生态位

（4）生态位理论的应用

生态位理论对于景观生态规划中的植物配置和群落构建具有重要指导意义。在运用生态位理论进行植物群落配置的过程中，关键是考虑植物群落中对群落环境影响较大的优势种和对群落环境影响较小的伴生种的生态位宽度和重叠情况。要建立一个稳定的植物群落，其影响因素之间的关系如下：

A（植物群落配置）$=f$（场地环境要求，植物种类，植物生态效益，植物生态位）

其中，植物生态位可作为空间化的因素进行提取，而植物群落的基本构成是优势种与伴生种。其中，优势种（dominant species）占据着最主要的生态位，它对群落的结构和功能起决定性作用，应保证具有最宽的生态位；通过合理把握优势种之间以及优势种与伴生种（companion species）的生态位重叠情况，避免种间的无序竞争，才能构建物种多样、结构稳定、景观优美的植物群落。即

A（植物群落配置）$=f$（优势种生态位宽度，优势种与优势种生态位重叠，优势种与伴生种生态位重叠）

生态位宽度越宽，能适应的环境梯度越广，优势种与伴生种生态位重叠越小越好。因此风景园林规划设计从业者在进行景观规划设计时，尤其需要注意对绿化景观中植物乔灌草的合理配置（图5-4）。

图5-4　层次丰富的植物搭配

5.1.3.2　群落演替理论

（1）群落演替概念

植物群落演替（succession）是指一个植物群落取代另一个植物群落的过程（周灿芳，2000）。群落的结构在演替中不断发生变化，是一个动态的、开放的生命系统。最先在裸地中定居的植物对环境的耐受能力较强，被称为先锋植物。群落演替的最终阶段是顶级群落（图5-5）。

（2）群落演替分类

① 原生演替和次生演替

根据演替开始时所处的状态可划分为原生演替和次生演替。原生演替（primary succession）是指在原生裸地上开始的群落演替，次生演替（secondary succession）是指在次生裸地上开始的群落演替（殷秀琴，2011）。

图 5-5　群落演替示意图

② 旱生演替和水生演替

按演替基质性质可划分为旱生演替系列和水生演替系列。旱生演替系列（xerarch succession）是从干旱的基质开始，由旱生群落向顶级群落发展。水生演替系列（hydrarch succession）是从水中和湿润的土壤上开始，由水生群落向顶级群落发展（殷秀琴，2011）。

（3）群落演替阶段

从演替开始到顶级群落的过程，一般分为 3 个阶段：演替早期、演替中期、演替后期。在整个演替过程中，演替早期持续时间最长，演替中期的时间较短，演替后期群落趋于稳定。植物修复实际上是将不在正确演替序列上的群落矫正到正确的演替序列，或是缩短处于演替早期或中期的群落发展到演替后期的时间（表 5-3）。

表 5-3　各演替阶段特点

演替阶段	特点
演替早期	无植被或植被类型单一，外界环境较为恶劣
演替中期	环境得到一定程度的改善，植被群落随机镶嵌
演替后期	植物生长环境良好，植被群落结构相对稳定

（4）顶级群落演替机制

顶级群落是生物群落景观经过一系列演替，最后产生的保持相对稳定的群落，该群落在出生率与死亡率、能量输入与输出等方面都达到均衡。

一般来说，群落演替往往集中于探究单个顶级群落的形成机制，而顶级群落格局更强调多个顶级群落间的相互关系。

① 单个顶级群落形成机制

演替呈现出物种取代的规律，主要是由于前一个物种的生长改变了环境从而促进了下一个物种的入侵。

影响演替的因子可分为内因和外因。在演替早期，由于环境对物种的胁迫使得物种无法定居。在这一阶段，主要影响因素为外因，包括自然环境的改变、火干扰和人为干扰等。在演替中期和后期，环境得到改善，主要影响演替的是内因，包括物种自身生长特性、种内和种间关系、植物群里内部环境的改变、物种的迁移等。值得注意的是，物种的迁移贯穿演替的整个过程。

② 顶级群落格局形成机制

由于生境的差异性，同一个地区内可能形成不同的顶级群落。随着环境梯度的变化，多个顶级群落呈现连续变化的格局。在探索植被修复的途径时，不能忽略一个地区内有多个顶级群落存在的事实，其格局具有顶级群落间连续变化的特点，而每个顶级群落又遵循着单个顶级群落形成的一般演替规律。

一个气候区内，由于生境差异可以存在多个顶级群落；演替需要一定的时间，具有时间属性；物种迁入是演替得以发生或继续至下一阶段的必备条件；演替是一个生态过程；生境条件是演替的制约因素，当生境达到下一个物种生长所需的条件时，群落的替代才得以发生。

$$Y（植被修复方向和速度）＝f（＋修复初期生境类型，＋修复时间等级，＋种子资源格局，＋生境条件）$$

（5）群落演替理论的应用

群落演替理论在生态恢复、植被修复等方面应用广泛，即运用生态学原理，通过保护现有植被、封山育林、人工营建植被群落等，修复或重建被破坏的森林、草原等自然生态系统，从而恢复其生物多样性及生态系统功能。植物修复本身作为一项人为干扰，只有遵循自然规律，才能达到促进演替发展的植物修复目标。以重庆主城消落带生态恢复为例，通过分析重庆主城两江消落带现状生境问题，结合不同消落带类型，进行生境营建，从而恢复受损生态系统（图 5-6）。

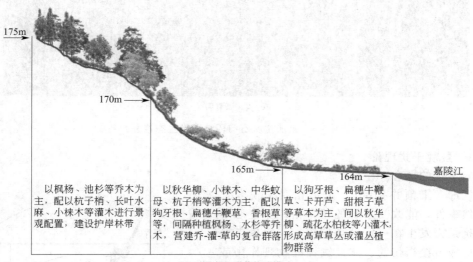

(a) 不同高程群落构建模式

(b) 生态修复前

图 5-6

(c) 生态修复后

图 5-6　重庆主城石门段消落带生态修复

5.1.3.3　景观干扰理论

（1）干扰的概念

干扰即"干预并扰乱"，是指相对来说非连续的偶然事件，能改变系统的正常格局。生态学中的干扰是指发生在一定地理位置上，对生态系统结构造成直接损伤的、非连续性的物理作用或事件。生态学干扰由三方面构成：系统、事件和尺度域（图 5-7）。系统具有一定的尺度域，干扰事件来自于系统外部，并发生在一定尺度上。干扰是景观异质性的主要来源，它改变景观异质性的程度和景观格局，又制约于景观格局，是景观的一种重要的生态过程，是景观得以维持和发展的重要因素。

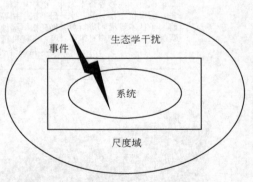

图 5-7　干扰的生态学概念

（2）干扰的分类

根据不同的方法和原则可将干扰分为不同类型。

① 按产生来源分　可将干扰分为自然干扰（natural disturbance）和人为干扰（human disturbance）。自然干扰指在自然情况下发生的干扰，包括偶发性的破坏事件和环境的波动，如地震、火山爆发、滑坡、泥石流。人为干扰指人类的生存活动和对资源的改造利用等过程对自然生态系统造成的影响，如放牧、开荒、城市建设、矿山开发等。

② 按功能分　可将干扰分为内部干扰和外部干扰。内部干扰是指相对静止的长时间内发生的小规模干扰，如种间竞争、群落演替等；外部干扰是指短期内的大规模干扰，打破了自然生态系统的演替过程，如火灾、风暴、砍伐等。

③按发生机制分　可将干扰分为物理干扰、化学干扰和生物干扰。物理干扰如森林退化、土地覆被减少引起的土壤侵蚀、土地沙漠化等；化学干扰如土地污染、水体污染、大气污染引

起的酸雨等；生物干扰如病虫害爆发、外来物种入侵等引起的生态平衡失调和破坏等。

④ 按传播特征分　可将干扰分为局部干扰和跨边界干扰。局部干扰是指干扰在同一生态系统内扩散；跨边界干扰是指可跨越生态系统边界扩散到其他类型的斑块（图 5-8）。

图 5-8　干扰的分类

（3）干扰的生态意义

干扰具有重要的生态意义，干扰是自然生态系统化演替过程中的重要组成部分，适度的干扰可促进生态系统的演化和更新，有利于生态系统的持续发展（陈利顶等，2004）。干扰在物种多样性形成和保护过程中也起着重要作用，适度干扰会带来更高的物种多样性，干扰的结果还可以影响到土壤中的生物循环、水分循环、养分循环，改变景观格局，在自然保护、农业、林业、生态系统维持等方面发挥着重要作用。

中度干扰理论（Connell，1978）认为，合理的干扰会带来更高的物种多样性，强烈

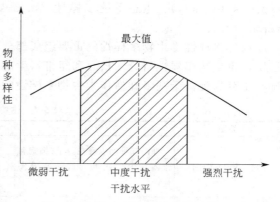

图 5-9　干扰水平与物种多样性关系

的干扰会对生态系统造成巨大破坏，导致景观的均质化，减少物种丰富度，使物种多样性降低，而适度的干扰可增加景观的异质性，导致景观结构的破碎化，促进物种多样性的增加（图 5-9）。

森林火灾可作为阐述中度干扰理论的极佳案例。2019 年被称为"地球之肺"的亚马孙森林因持续的森林大火而受到全球关注，此次森林大火过火面积超过 100 万公顷，且持续时间长，对当地的生态环境造成较大破坏，碳和气溶胶，对当地乃至全球的气候都产生较大影响。事实上，除自然火灾外，亚马孙雨林每年都有一个人为的火灾季节，主要是由于当地农民和牧场主砍伐树木、焚烧残茬、清理农田等引起的，小规模山火有助于促进森林植被演替和更新，而随着森林砍伐的不断加剧，林火发生间隔不断缩短，森林没有足够时间进行恢复和更新，故而生物多样性和生态系统多样性就会遭到破坏（图 5-10）。

5.1.3.4　生物多样性理论

（1）生物多样性概念

生物多样性（biodiversity）是指生命有机体及其借以存在的生态系统复合体的多样性和变异性。确切地说生物多样性是所有生物种类、种内遗传变异和它们的生存环境的总称，包括所有不同种类的动物、植物和微生物，以及它们拥有的基因、它们与生存环境所组成的生态系统以及整个景观系统。

（2）生物多样性类型

生物多样性的研究内容通常包括遗传（基因）多样性（genetic diversity）、物种多样性

图 5-10　亚马孙森林火灾

（species diversity）、生态系统多样性（ecosystem diversity）和景观多样性（landscape diversity）（表 5-4）。

遗传多样性是生物多样性的重要组成部分。物种多样性是生物多样性最基础和最关键的层次，是生物多样性研究的核心和纽带。生态系统多样性则是物种多样性和遗传多样性的基础与生存保证。景观多样性作为生物多样性的第四个层次，是对前三个层次的补充。

表 5-4　生物多样性类型

类型	概念	研究意义
遗传（基因）多样性	种内或种间表现在分子、细胞和个体三个层次上的遗传变异多样性	自然种群的遗传结构研究； 家养动物和栽培植物野生型及亲缘关系的遗传学研究； 物种种质资源基因库构建； 极端环境条件下生物遗传特性研究
物种多样性	生物群落总物种的丰富度和异质性	建立物种多样性档案馆； 珍稀濒危物种保护的系统研究； 野生经济物种资源的研究； 物种多样性的就地保护； 物种多样性的迁地保护
生态系统多样性	生态系统的生物群落和其他生存环境之间的生态过程及其组合的复杂程度多样性，包括生境多样性、生物群落和生态过程多样性等	各类生物气候带生态系统多样性的研究； 特殊地理区域的生态系统多样性研究； 农业区域生态系统多样性研究； 生态多样性保护与永续开发利用的探讨； 自然保护区生态系统的保护研究
景观多样性	不同类型的景观在空间结构、功能机制和时间动态方面的多样性或变异性	包括斑块多样性、斑块类型多样性和格局多样性。主要研究组成景观的斑块在数量、大小、形状和景观的类型分布及其斑块之间的连接度、连通性等结构和功能上的多样性

（3）生物多样性测度

生物多样性的测度方法主要包括物种丰富度指数和多样性指数，下面以景观多样性指数为例来说明。

① 景观丰富度指数

由于群落中物种的总数与样本含量有关，这类指数应限定为可比较的。生态学上用过的丰富度指数很多，包括：

绝对丰富度（absolute richness），景观要素类型数，以绝对值表示。

相对丰富度（relative richness），景观要素类型数占该景观所在的区域内全部生态系统类型数的百分比。

相对密度（relative density，丰富度密度），景观中单位面积上生态系统类型数。

例如，某一景观为 100hm²，由 4 种不同的生态系统所组成，其所在的地区最多可能出现生态系统 8 类，那么该景观的绝对丰富度为 4，相对丰富为 50%，相对密度为 0.04 类/hm²。

② 景观多样性指数

不同物种具有不同的物种多样性。物种多样性指数是将物种丰富度与物种均匀度结合起来的函数，常用的指数有 Shannon-Wiener（香农-威纳）指数，Simpson（辛普森）指数。

Shannon-Wiener 指数公式

$$H = -\sum_{i=1}^{S}(P_i)(\log_2 P_i)$$

式中　H——群落的香农-威纳多样性指数；

　　　S——种数；

　　　P_i——群落中第 i 种的个体比例。如第 i 种个体数目为 n_i，总个体数目为 N，则 $P_i = n_i/N$。

Simpson 指数公式

$$D = 1 - \sum_{i=1}^{S}(P_i)^2$$

式中　D——群落的辛普森多样性指数；

　　　S——种数；

　　　P_i——群落中第 i 种的个体比例。如第 i 种个体数目为 n_i，总个体数目为 N，则 $P_i = n_i/N$。

多样性指数的大小取决于两个因素，一是景观要素类型的多少，二是景观要素类型在面积上的分布均匀程度。

对于给定的 n 类景观要素，当各类景观要素的面积比例相等（$P_i = 1/n$）时，多样性指数达到最大值，即 $H_{max} = 1 - (1/n)$，$HT_{max} = \ln n$（图 5-11）。

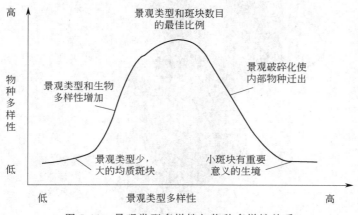

图 5-11　景观类型多样性与物种多样性关系

（4）生物多样性保护案例

风景园林规划设计中，主要通过两种规划模式进行生物多样性的保护。

① 保护区圈层模式　即目前自然保护区的功能区划分模式（图 5-12），通过保护、科研教育、生产相结合的方式，划定核心区、缓冲区和实验区。核心区是保护区内未经或很少经人为干扰过的自然生态系统的所在，或者是虽然遭受过破坏，但有希望逐步恢复成自然生态系统的地区，核心区以保护种源为主，严禁一切干扰；缓冲区是指环绕核心区的周围地区，只准进入从事科学研究观测活动；实验区位于缓冲区周围，可以进入从事科学试验、教

学实习、参观考察、旅游和驯化、繁殖珍稀、濒危野生动植物等活动，还包括有一定范围的生产活动，还可有少量居民点和旅游设施（图5-12）。

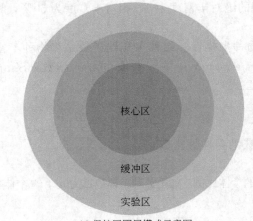

(a) 保护区圈层模式示意图

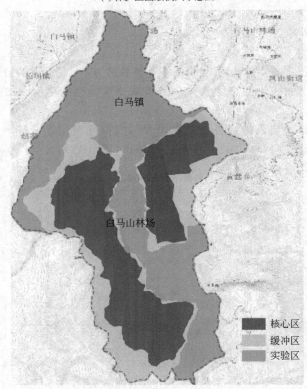

(b) 重庆白马山自然保护区功能分区图

图 5-12　保护区圈层模式

　　② 保护区网络模式　这种模式（图5-13）主要用于破碎生境的重新连接，如北京石花洞风景名胜区生态规划中，针对受损的山体和河流生态系统，提出构建野生动物生境网络，恢复大石河生态廊道的修复策略。首先对原有及潜在的野生动物栖息地保护，然后建立生态网络廊道连接各分散的栖息地，同时，为核心栖息地设置缓冲区，减小人为干扰。以此来减少景观破碎化对石花洞风景区自然生境的干扰，逐渐恢复野生动物多样性。

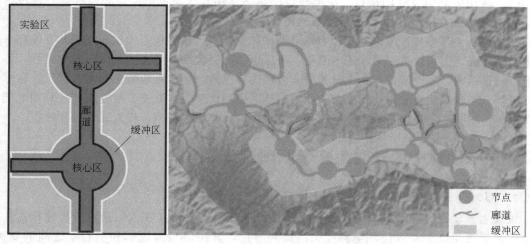

(a) 保护区网络模式示意图	(b) 北京石花洞景名胜区生态规划

图 5-13　保护区网络模式

5.1.4　生态学原理在风景园林中的综合应用

在风景园林规划设计中，生态理念的运用不是单一的，往往会将多种生态学原理融会贯通，应用于风景园林中的景观营建、生态修复、生物多样性保护等各个方面。

5.1.4.1　应用生态学原理保护并利用场地现有的自然生态系统

应用生态学原理进行风景园林设计，保护自然环境不受或尽量少受人类的干扰，稳固现有场地已经形成的动植物生态系统。在景观改造时，尊重场地原有自然环境，尽可能将原有的有价值的自然生态要素保留并加以利用。

（1）利用当地的乡土资源　乡土资源是指经过长期的自然选择及物种演替后，对某一特定地区有高度生态适应性的自然植物群体的总称。它们是最能适应当地大气候生态环境的植物群体。除此之外使用乡土资源的管理和维护成本最少，能促使场地环境自我更新、自我养护。

（2）尊重场所自然演进过程　从生态学理论来看，应尽量保留原场所的自然特征，如地形、水体、植被，这是对自然内在价值的认识和尊重，使设计具有唯一性和历史性，既能降低投资成本，又能保留和少破坏原有生态系统。

5.1.4.2　基于生态学原理，循环利用场地现有材料和资源

生态学中的循环再生原理即倡导能源与物质的循环利用。在风景园林设计中尽可能地使用再生原料，将场地材料和资源循环使用，发挥材料潜力，最大限度地减少对新材料的需求，减少对生产材料所需能源的索取。

5.1.4.3　土壤的设计

在风景园林设计中植物是必不可少的要素，因此应选择适合植物生长的土壤。主要考虑土壤的肥力和保水性，分析植物的生态学习性，选择适宜植物生长的土质。常规做法是将不适合或者污染的土壤换走，或在上面直接覆盖好土以利于植被生长，或对已经受到污染的土壤进行全面技术处理。如采用生物疗法，处理污染土壤，增加土壤腐殖质，增加微生物活动，种植能吸收有毒物质的植被使土壤情况逐步改善。

5.1.4.4　以生态平衡、生物多样性为理论的植物配置设计

（1）植物材料选择应提高城市园林植物生态功能　尽可能地扩大城市绿地面积，提高绿化覆盖率，充分利用绿化空间，合理利用园林植物的配置结构，提高现有绿地的绿量。

（2）选用生态效益高的植物　不同树种的生态作用和效益也不同，必须选择与各种污染气体相对应的抗性树种和生态效益较高的树种。

（3）遵从生物多样性原理，模拟自然群落的植物配置　遵循生态原则、互惠共存原则、物种多样性原则、生态效益原则和艺术原则，考虑植物的层次性、多样性及群落的稳定性，形成合理的配置结构。一般来说，乡土树种生命力和适应性强，能有效地防止病虫害暴发。常绿与落叶树种分隔栽植能有效阻止病虫害的蔓延。林下植草比单一林地或草地更能有效利用光能及保持水土。耐阴灌木树种与喜光乔木树种配植，可增加土地利用率，提高绿化综合效益。

5.2　风景园林中的景观生态学原理

5.2.1　景观生态学概念与内涵

景观生态学是工业革命后人类聚居环境生态问题日益突出，在人们追求解决途径过程中产生的。景观生态学是一门多学科交叉的新兴学科，其主体是地理学和生态学之间的交叉，景观生态学以整个景观为对象，通过物质流、能量流、信息流和价值流的传输和交换，通过生物与非生物要素以及人类之间的相互作用与转化，运用生态系统原理和系统方法研究景观结构和功能、景观动态变化及相互作用机制，研究景观的美化格局、优化结构、合理利用和保护（傅伯杰，1991）。

景观生态学理论认为从区域范围角度看，城市就是一个典型的人工干扰斑块，在较小尺度上，城市作为一个景观单元，是由基质、廊道、斑块等结构要素构成。在其中各要素之间通过一定的流动产生联系和相互作用，在空间上构成特定的分布组合形式，共同完成生态系统所承担的生产、生活及还原自净等功能。

景观生态学强调空间格局、过程与尺度的相互作用，同时将人类活动与生态系统结构和功能相整合。其研究核心内容即景观结构、景观功能和景观动态。其中，景观结构是指景观组成单元的类型、多样性及其空间关系。例如城市绿地景观中不同植被的面积、形状、丰富度和空间分布关系等。景观功能即景观结构与生态过程的相互作用，这些作用主要体现在能量、物质和生物有机体在景观镶嵌体的运动过程之中。景观动态是指景观结构和功能随时间的变化。

景观的结构、功能和动态三者之间相互依赖、相互作用，结构在一定程度上决定功能，同时结构的形成和发展又受功能影响和制约；功能的改变也可能导致结构的变化；结构和功能都随时间而变化，景观动态反应多种自然和人为的、生物和非生物的各种因素及其相互作用的综合影响（图5-14）。

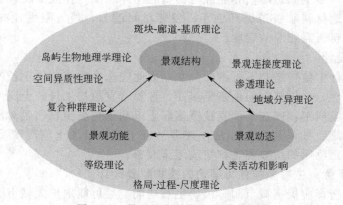

图 5-14　景观生态学研究对象和内容

5.2.2 景观生态学发展历程

景观生态学的概念是德国植物学家特罗尔（Troll）1939年在利用航空照片研究东非土地利用时提出来的，用来表示支配一个区域单位的自然-生物综合体的相互关系的分析。他当时认为，景观生态学并不是一门新的学科，或者是科学的新分支，而是综合研究的特殊观点。Naveh将景观整体思想进一步发展，并加以系统化，提出"景观生态学是基于系统论、控制论和生态系统学之上的跨学科的生态地理科学"（Naveh&Lieberman，1984）。

20世纪80年代，景观生态学从欧洲引入北美，并在北美迅速发展。1986年，美国正式成立景观生态学学会，同年，Forman和Godron出版《景观生态学》（*Landscape Ecology*）一书，并将景观生态学定义为"研究景观的结构、功能和变化的科学"，成为北美景观生态学奠基之作。随着北美景观生态学的迅速发展，越来越多的新理论、新技术与新方法被引入景观生态学之中，促进了景观生态学与各学科之间的交融与发展。

欧洲景观生态学与北美景观生态学起源、发展和学科特点等各方面存在较大差异，前者强调人文性与整体论，而后者更关注以生物为中心的生态学内容和以还原论为基础的方法论，两个学派的不断交流与协作促进了现代景观生态学的形成和发展。现代景观生态学强调空间异质性或格局的形成和动态，及其与生态过程的相互作用，其研究核心内容即景观结构、景观功能和景观动态（图5-15），同时，注重人类活动与景观结构和功能的关系。

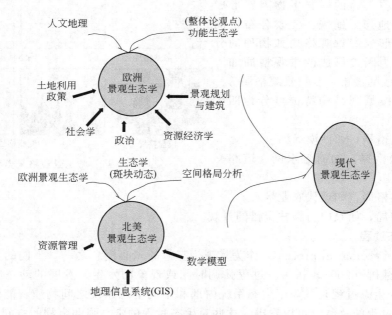

图 5-15　欧洲和北美景观生态学发展特点对比

5.2.3 景观生态学重要理论

5.2.3.1 景观格局-过程-尺度理论

景观格局与生态过程相互作用及其尺度效应是景观生态学研究的核心。

景观格局、过程和尺度是景观生态学研究的核心内容，景观格局与生态过程之间存在密切联系，过程产生格局，格局作用于过程，格局和过程的相互作用具有尺度依赖性。通过研究空间格局，能更好地理解生态过程（图5-16）。

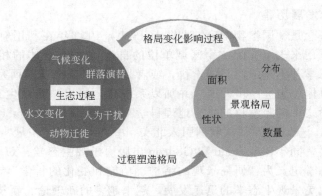

图 5-16　格局与过程关系

5.2.3.2　景观格局

　　景观是不同生态系统组成的地表综合体（Haber，2004）。景观格局主要是指构成景观的生态系统或土地利用、土地覆被类型的性状、比例和空间配置（傅伯杰，2011）。景观格局反映景观的基本属性，并与景观社会的结构和功能密切相关。

　　景观格局按成因可分为三类，即非生物的、生物的和人为的。非生物因素形成的景观格局如地形、地貌、气候分布格局等；生物因素形成的景观格局如物种的分布格局等；人为因素形成的景观格局如人类干扰活动形成的城市、乡村景观格局等。

　　景观格局按景观结构特征可分为四大类型（图 5-17）。

　　① 分散式格局，如沙漠绿洲。

　　② 网络状格局，如河流水网、道路交通网络景观。

　　③ 棋盘式格局，如现代农业景观。

　　④ 交错格局，如农田与森林交错的景观。

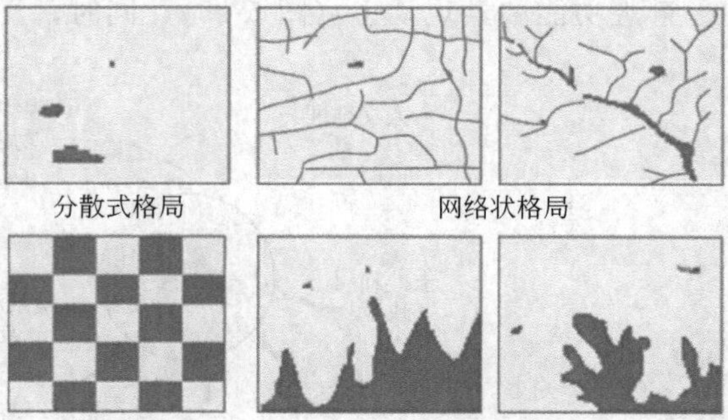

分散式格局　　　　　网络状格局

棋盘格局　　　　　交错格局

图 5-17　常见景观格局类型

5.2.3.3　生态过程

　　生态过程（ecological process）作为景观生态学的核心概念之一，不同的学者对其有不同的理解。邬建国（2007）认为，过程强调时间或现象的发生、发展的动态特征。吕一河（2007）认为，生态过程是景观中生态系统内部和不同生态系统之间物质、能量、信息的流动和迁移转化过程的总称。可以看出，这些对生态过程的定义强调事物的空间关系。过程是反映状态演化的时间性概念，即任何过程的发生必须在一段时期内，具有历时性。

　　大部分生态过程会在特定空间发生，按照过程发生的空间方向不同，可分为垂直过程和水平过程；按过程的要素不同，可分为自然过程、生物过程和人文过程（表 5-5）。

表 5-5　生态过程类型

划分依据	类型	特征
空间方向	垂直过程	某一景观单元内的地貌、土壤、河流、动植物等垂直生态因子层的自然演进过程及整合叠加后对人类活动的作用
	水平过程	景观单元之间的各种无机流、物种流、能量流等

划分依据	类型	特征
过程要素	自然过程	风、水、土及其他物质、能量、信息等的流动
	生物过程	某一地段内植物的生长,有机物的分解和养分的循环利用过程,水的生物自净过程,生物群落的演替,物种之间的竞争过程,物种的空间运动等
	人文过程	人的空间运动,人类的生产和生活过程,及与之相关的物质流、能量流和价值流等

任何空间格局都是过程演变的瞬时状态。由于过程的复杂性和抽象性,很难定量地、直接地研究生态过程的演变和特征,往往通过景观的变化来观测过程。有些过程导致的景观变化可以直接观察到,如数年间的养分运动失衡导致水体污染;有些过程导致的空间变换则无法观测,如数千年的土壤发育过程。格局的变化取决于人类观测景观时所选择的时间尺度。以人的生命周期为时间尺度,可将生态过程分为"慢"过程和"快"过程两大类(表5-6)。

表 5-6　按时间尺度划分的生态过程类型

过程类型	生态过程	特征	策略
"慢"过程	气候变化、地质运动、土壤发育、植物定居、自然干扰	时间与空间尺度巨大,具有不可逆性和稳定性;塑造空间格局	作为规划的背景或物理模板,规划需遵从"慢"过程
"快"过程	无机流:空气流、水分运动、养分运动等;物种流:动物运动、植物传播等;能量流:人类活动等	受空间格局控制并改变空间格局	作为规划场地发生的事件,规划需引导"快"过程

慢过程对应景观的发育与演变过程,时间与空间尺度巨大,具有不可逆性和稳定性,相对而言,快过程对应的流动与迁移过程更容易受到人类活动的干扰与控制。生境破碎化、河道改造、环境污染、城市扩张等一系列人类活动虽然导致了物种流、物质流与能量流在空间的失衡与生态服务功能丧失,但这些问题是可以被人类在短期认识和控制的。因此在风景园林规划设计中需要更多关注如何控制快过程,以引导各种景观流有序、健康地进行。

5.2.3.4　尺度效应

尺度通常指观察或研究的物体或过程的空间分辨度和时间单位(表5-7)。从生态学的角度来讲,尺度是指所研究的生态系统的面积大小或生态系统动态变化的时间间隔。景观生态学中尺度通常以粒度和幅度来表达。随着层次的升高,空间范围和粒度也增加,而分辨率(或详细程度)则降低。

表 5-7　尺度的表达类型

尺度的表达	分类
粒度	空间粒度:景观中最小可辨识单元所代表长度、面积或体积
	时间粒度:某一现象(或干扰事件)发生的频率或时间间隔
幅度	空间幅度:所研究区域范围的总面积
	时间幅度:研究项目持续的时间长度

景观生态学中,用小尺度表示较小的研究面积或较短的时间间隔,用大尺度表示较大的研究面积或较长的时间间隔。小尺度具有较高的分辨率,大尺度具有较低的分辨率(图5-18)。任何景观格局和生态过程均包含时间和空间尺度的变化。

不同的空间尺度上不仅景观的组成和结构有明显不同,景观的动态变化特征也有明显差异。

5.2.3.5　斑块-廊道-基质理论

20世纪80年代,美国哈佛大学设计研究院的福尔曼(Richard T. T. Forman)教授提

可分辨山脉、河流、城市　　可分辨建筑、道路、桥梁、绿地等　　可分辨城市建设用地、城市绿地、河流等

图5-18　不同尺度景观分辨率示意

出了"斑块-廊道-基质"（patch-corridor-matrix）模式，该模式是景观生态学用来解释景观结构的基本模式，普遍适用于各类景观，包括荒漠、森林、农业、草原、郊区和城区景观。斑块、廊道与基质的排列与组合构成景观，并成为景观中各种流的主要决定因素，同时也是景观格局和过程随着时间变异的决定因素。

（1）斑块

斑块是景观中的非线性要素，强调小面积的空间概念，外观上不同于周围环境的非线性地表区域，具有同质性，是构成景观的基本结构和功能单元。

① 斑块类型

影响斑块起源的主要因素包括环境异质性、自然干扰以及人类活动。根据起源不同可将斑块分为以下四类。

a. 残存斑块——大面积干扰（如森林大火、大范围森林砍伐、城市化）造成的、局部范围内幸存的自然或半自然生态系统。

b. 干扰斑块——局部性干扰（如树木死亡、小范围火灾等）造成的小面积斑块。

c. 环境资源斑块——由于环境资源条件（如土壤类型、水分、养分、地形等）在空间分布的不均匀造成的斑块。

d. 引入斑块——人们有意或无意将动植物引入某些地区而幸存的局部性生态系统，如农业种植斑块、聚居地斑块等（表5-8）。

表5-8　不同斑块类型特征比较

斑块类型	形成原因	自然演替方向	变化速度
环境资源斑块	环境的异质性	稳定	慢
干扰斑块	干扰	进展演替	快
残存斑块	干扰	退化-恢复	快
引入斑块	人工引入	取决于人类	较快

② 斑块生态功能

景观中斑块的大小、形状和数量会影响到景观成分间的相互作用（即功能）及景观生态过程。大斑块具有保护水体和溪流网络、为动植物提供核心生境和避难所的功能，且大斑块抗干扰能力强。小斑块可作为物种迁移的踏脚石，并且可能拥有大斑块中缺乏或不宜生长的物种。若大斑块分割，则可能导致边缘生境增加，内部种群丰富度减少，边缘种或常见种增多；小斑块若消失则会抑制物种在斑块间运动，增加斑块间的隔离程度。

（2）廊道

廊道是外观上不同于两侧环境的狭长地表区域，是形状特化的斑块，具有同质性，是构成景观的基本结构和功能单元，呈隔离的条状、过渡性连续分布。几乎所有景观都被廊道所分割，同时又被廊道连接在一起。

① 廊道类型

按人为干扰程度可将廊道分为自然廊道和人工廊道。自然廊道包括溪流、山脊、动物行走小径等，特点是曲线状的、连续的。人工廊道包括公路、输电线路、沟渠等，特点是多直线状、栅格或间隙造成的不连续、狭窄，需要较高的费用来维持。

按组成内容或生态系统类型可分为林带、河流、道路等。

按几何形态差异可分为线状廊道、带状（窄带）廊道、河流（宽带）廊道等。

景观研究中的廊道一般包括道路廊道、生态廊道、绿道等。其中，生态廊道主要由植被、水体等生态性结构要素构成。绿道指由自然或半自然植被构成的人类或生物的通道。

② 廊道生态功能

廊道的生态功能主要包括以下四类。

a. 生境　如河流生态系统、植被条带所形成的生境。

b. 传播通道　如植物传播体、动物及其他物质随河流或植被带的迁移运动。

c. 过滤和阻碍　如道路、防风林带及其他植被廊道对物质、物种或能量在穿越过程中的租借作用。

d. 源或汇　作为物质、能量或生物的源或者汇（图5-19）。

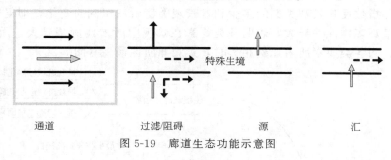

图5-19　廊道生态功能示意图

（3）基质

基质是景观中面积最大、连通性最好的景观要素类型，在景观功能上起着重要作用，影响能量流、物质流和物种流。基质通常比斑块和廊道具有更高的连通性，故许多景观的总体动态常受基质支配。可见，面积优势、空间高连续性和对景观总体动态的支配是识别景观基质的基本标准，然而实际研究中，斑块、廊道和基质的区分常常是相对的，依不同的观察尺度而不同。适用于斑块和廊道的基本原理同样适用于基质，因此景观中单独谈基质的基本原理较少被提及。

斑块-基质-廊道模式基于岛屿生物地理学和群落斑块动态研究而形成和发展，它为具体而形象地描述景观结构、功能和动态提供了图式语言，并且有利于我们研究景观结构和功能间的相互关系以及他们随时间的变化。

5.2.3.6　景观异质性理论

（1）异质性概念

异质性一直是景观生态学研究的核心，景观异质性是景观的基本属性，形成景观的镶嵌体结构，即景观格局。异质性形成了景观内部的物质流、能量流和信息流等，导致景观的演化、发展与动态平衡。任何景观都是异质性的。

景观异质性应用于生物多样性保护、城市绿地斑块建立、风景名胜区构建、观光农业园区景观格局优化、复合生态系统和退化生态系统的应用。

（2）异质性分类

景观异质性大致分为4类：空间异质性、时间异质性、时空耦合异质性及边缘异质性。

空间异质性指要素及要素的结构与功能在空间上的变异程度，一般表现为斑块的镶嵌形式和梯度，是景观生态学研究的重点；时间异质性主要体现为演替：裸地—杂草—灌木—先锋乔木—耐阴乔木；时空耦合异质性是指景观空间异质性结合时间异质性形成的动态形式；边缘异质性具有和边缘效应一样的特点。

研究景观异质性离不开尺度问题，从生态学的角度讲，尺度是指所研究的生态系统的面积大小（即空间尺度）或时间间隔（即时间尺度）。异质性取决于尺度大小，同一景观，观察尺度越大，其空间异质性越弱；观察尺度越小，其空间异质性越强。大比例尺上相对均质的景观，在中比例尺上可看出较大斑块，景观异质性增加，小比例尺上异质性更加明显。

（3）异质性测度

景观异质性测度指标较多，使用较多的有以下几类。

① 景观破碎化指数　包括景观斑块破碎化指数、景观斑块形状破碎化指数、景观内部生境面积破碎化指数。

② 距离指数　包括最小相邻距离指数、连接度指数。

③ 异质性指数　包括镶嵌度指数、聚集度指数。

④ 多样性指数　包括丰富度指数、优势度指数、均匀度指数。

景观多样性指数反映景观类型的多少和各景观类型所占比例的变化，即复杂程度。景观多样性与最大景观多样性差异大，表明各类要素在景观中所占比例差异大，面积分布不均，景观异质性低；当各类要素所占比例相等时，景观异质性最高（图5-20）。

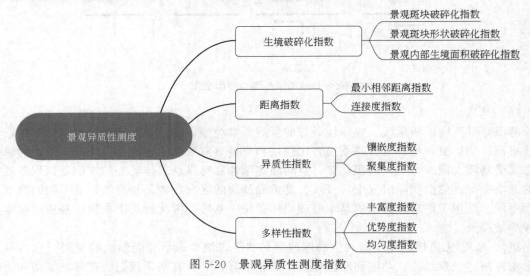

图5-20　景观异质性测度指数

5.2.3.7　景观连接度和渗透理论

（1）景观连接度

景观连接度指景观空间结构单元之间的连续性程度，包括结构连接度与功能连接度两方面。结构连接度指景观单元或斑块在空间中表现出来的连续性，可以从卫星图片或航测图片中判断；功能连接度是以研究的生态学对象或过程的特征来确定景观的连续性，如种子传播距离、动物繁殖活动范围等。

许多景观生态过程和功能与景观的功能连接度依赖于景观的结构连接度，但仅考虑景观的结构连接度无法揭示景观结构与功能之间的关系及其动态变化的特征机制，二者必须结合起来进行研究。景观连接度同样依赖于研究尺度以及研究对象的特征尺度。图5-21显示了具有相同面积但不同结构的景观连接度的差异，从左至右景观连接度减弱。

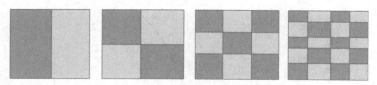

图 5-21　景观连接度的差异

（2）渗透理论

景观连接度对生态过程的影响，往往表现出临界阈值的特征。所谓临界现象，是指某一事件或过程在影响因素或环境条件达到某一程度（阈值）时，突然从一种状态进入另一种状态的情形，是一个由量变到质变的过程。渗透理论即是用于研究临界现象的理论，即当媒介的密度达到某一临界密度时，渗透物质突然能够从媒介材料的一端到达另一端。

生态学中，当某一生境斑块面积增加到一定程度时，物种可通过彼此相互连接的生境斑块从景观的一端运动到另一端，此时的生境斑块称为连通生境斑块，即最小的生境斑块互相连接而形成的生境通道，标志着景观从高度离散状态突然转变为高度连续状态（图 5-22）。

判断生境斑块是否相邻的领域规则有两种，即四邻规则和八邻规则。四邻规则是指与中心单元直接相连的上、下、左、右四个单元为相邻单元；而八邻规则指与

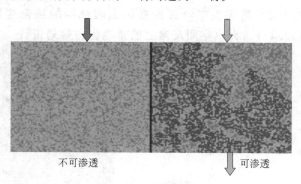

图 5-22　临界现象

中心单元上、下、左、右和对角线上的八个单元为相邻单元（图 5-23）。不同邻域规则直接影响到生境斑块边界的划分，从而影响到生境斑块的大小。四邻规则的临界阈值（Pc）约为 0.6，八邻规则的临界阈值（Pc）约为 0.4。

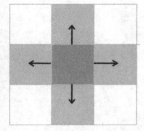

四邻连通斑块

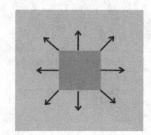

八邻连通斑块

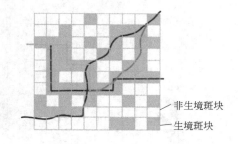

非生境斑块

生境斑块

图 5-23　四邻规则与八邻规则及其连通性（改绘自 Green，1994）

对于无限大的栅格景观，达到渗透阈值时，连通斑块出现的概率即刻从 0 突变为 1，即图 5-24 中虚线表示的阶梯形曲线，而对于有限大的栅格景观，当生境面积达到临界阈值时，连通斑块出现的概率只表现出迅速变化的趋势，即图 5-24 中实线表示的 S 形曲线。

渗透理论假定生境单元在空间上随机分布，而实际景观中生境单元多呈集聚性分布，故而生境单元的集聚程度会显著影响渗透阈值。此外，时间尺度和空间尺度也会影响景观的渗透阈值。

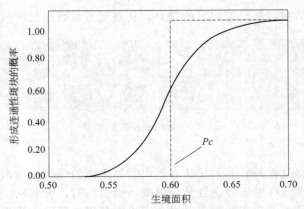

图 5-24 连通斑块出现概率随生境面积而变化

5.2.4 景观生态学理论在风景园林中的综合应用

5.2.4.1 大中空间尺度上的景观生态规划设计

基于景观生态分类、景观格局与功能分析，根据"斑块-廊道-基质""网络-结点"景观结构模型进行绿地布置。如对城市绿地系统、风景区的景观生态规划（图 5-25）。

图 5-25 城市区域地块绿地系统规划

5.2.4.2 中小空间尺度上的景观生态规划设计

只要规划区内存在生态系统的多样性和异质性，即可进行景观生态规划或设计。如对城市绿地空间的景观生态设计。

以山水植物要素为本底，实现景观设计与生态保护的有机融合，塑造城市区域绿色空间（图 5-26）。

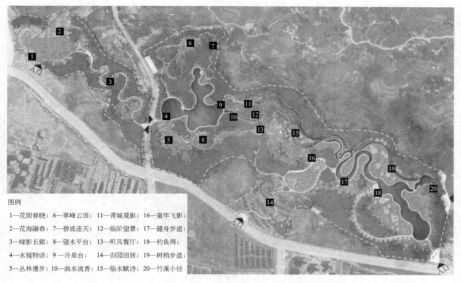

图例

1—花街春晓; 6—翠峰云顶; 11—青城观影; 16—童年飞影;
2—花海融春; 7—碧波连天; 12—临阶望景; 17—健身步道;
3—绿影长廊; 8—望水平台; 13—听风餐厅; 18—钓鱼湾;
4—水镜物语; 9—冷泉台; 14—归园田居; 19—树梢步道;
5—丛林漫步; 10—曲水流香; 15—临水赋诗; 20—竹溪小径

图 5-26　重庆永川蔡英岩郊野公园规划

5.2.4.3　生态适宜度分析

生态适宜度是指在规划区内，确定的土地利用方式对生态因素的影响程度（生态因素对给定的土地利用方式的适宜状况和程度），是土地开发利用适宜程度的依据。生态适宜度评价指标和方法是衡量生态规划、建设、管理等的主要依据。目前我国还处于探索阶段，尚未形成成熟的评价指标和方法，生态适宜度分析需要考虑规划区域内的土地自然环境条件，因为场地的敏感性分析是适宜度评价的基础（图 5-27）。

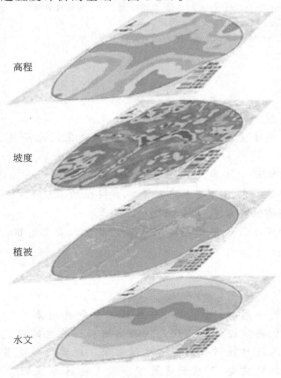

高程

坡度

植被

水文

图 5-27

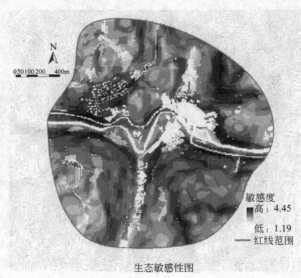

敏感度
高：4.45

低：1.19
——红线范围

生态敏感性图

图 5-27　生态敏感性分析

推荐读物

李博．2016．生态学——从个体到生态系统．4 版．北京：高等教育出版社．
陆健健．2009．生态学基础．5 版．北京：高等教育出版社．
肖笃宁．2010．景观生态学．北京：科学出版社．
邬建国．2007．景观生态学——格局、过程、尺度与等级．2 版．北京：高等教育出版社．
傅伯杰．2011．景观生态学原理及应用．2 版．北京：科学出版社．
岳邦瑞．2017．图解景观生态规划设计原理．北京：中国建筑工业出版社．

课后思考题

1. 简述什么是生态学、什么是景观生态学。

2. 结合实际案例，阐述生态位理论及群落演替理论在湿地修复、矿山修复等生态修复中的应用。

3. 谈谈自然保护区规划中所涉及的景观生态学理论。

4. 什么是生物多样性？包括哪些层次？景观多样性的表现形式及其意义如何？

5. 如何理解景观异质性与景观多样性之间的关系？

6. 结合实际案例，阐述景观格局与过程随研究尺度的变化特征。

本章思考与拓展

在十九大报告中习近平总书记说："人与自然是生命共同体，人类必须尊重自然、顺应自然、保护自然。""我们要建设的现代化是人与自然和谐共生的现代化，既要创造更多物质财富和精神财富以满足人民日益增长的美好生活需要，也要提供更多优质生态产品以满足人民日益增长的优美生态环境需要。"在此背景下，风景园林专业的学生应该掌握和设计哪些具体措施和方法？

参考文献

陈利顶，傅伯杰．2004．干扰的类型、特征及其生态学意义[J]．生态学报，20(4)：581-586．

傅伯杰，陈利顶．1996．景观多样性的类型及其生态意义．地理学报，51(5)：454-462．

傅伯杰．1991．景观生态学的对象和任务//肖笃宁．景观生态学：理论、方法及应用．北京：中国林业出版社．26-29．

傅伯杰，陈利顶，马克明，等，2011．景观生态学原理及应用．2版．北京：科学出版社．

贾保全，杨洁泉．1999．景观生态学的起源与发展．干旱区研究，16(3)：12-18．

廖飞勇．2010．风景园林生态学．北京：中国林业出版社．

吕一河，陈利顶，傅伯杰．2007．景观格局与生态过程的耦合途径分析．地理科学进展，26(3)：1-10．

欧阳志远．1996．关于生态学的学科体系问题．自然辩证法研究，15(4)：10-13，34．

尚玉昌．2003．生态学概论．北京：北京大学出版社．

特罗尔 C．1983．景观生态学．林超译．地理译报，2(1)：1-6．

肖笃宁，李秀珍．1997．当代景观生态学进展和展望．地理科学，17(4)：356-364．

殷秀琴．2011．生物地理学．北京：科学出版社．

岳邦瑞．2017．图解景观生态规划设计原理．北京：中国建筑工业出版社．

邬建国．2007，景观生态学——格局、过程、尺度与等级．北京：高等教育出版社．

赵惠勋．1990．群体生态学．哈尔滨：东北林业大学出版社．

周灿芳．2000．植物群落动态研究进展．生态科学，19(2)：53-59．

Connell J H. 1978. Diversity in tropical rain forests and coral reefs[J]. Science, 199 (4335): 1302

Haeckel E. Uber entwickelungsgang und Aufgabe der zoologie[J]. Jenaische Zeitschrift FÜr Medizin und Naturwissenschaft，1869，5：353-370．

Gause G F. 1934. The struggle for existence. Baltimore：Williams &b Wilkins.

Haber W. 2004. Lanscape ecology as a bridge from ecosystems to human ecology. Ecology Research, 19：99-106.

Hutchinson G E. 1957. Concluding remarks. Cold Spring Harbor Symp Quant Biol(22)：415-427.

Odum P E. 1983. Basic ecology. New York：CBS College Publishing.

Naveh Z，Lieberman A S. 1984. Landscape Ecology：Theory and Application. New York：Springer verlag.

Troll. 1939. Luftbildplan und okologische Bodenforschung. Z. Ges. Erdkunde zu Berlin. H 7-8, S. 241-298.

Wines J A. 1997. Metapopulation dynamics and landscape ecology. San Diego：Academic Press：43-62.

第6章　可持续景观设计策略与方法

本章的重点与难点

重点： 自然环境、建成环境的规划设计策略，集约化景观设计理念。

难点： 可持续景观设计的思路与方法，雨水花园的设计。

导言

可持续景观是当代景观设计学的主要战略，通过"低碳、环保、生态、绿色"的景观设计，最大限度地发挥景观的生态效益和经济效益，满足人们需求的同时推动全球的环境可持续性发展和人类社会的可持续发展。图 6-1 为某海绵城市景观。

图 6-1　某海绵城市景观

景观环境依据设计对象的不同可分为自然环境和建成环境两类。

对于自然环境，在保护生物多样性的基础上有选择地利用自然资源，尽可能减少人为干预，不破坏自然系统的自我更新能力。

对于建成环境，致力于建成环境内景观资源的整合利用与景观格局结构的优化。规划设计应强调构筑自然斑块间的联系，或以修复生境、恢复环境原生状态为目标，或对自然环境不理想的区段加以梳理、优化，使人为过程有机融入自然环境中。

6.1 自然环境的规划设计策略

6.1.1 融入自然环境

尊重自然，保护生态环境，尽可能少地对环境产生负面影响，人为因素秉承最小干预原则。

采用可再生能源作为可持续景观，如太阳能、风能、沼气等。

注意废弃物的处理和再利用。如乡村生态厕所，利用排泄物产生气体发电，建设太阳能公厕、免水冲洗公厕和循环水冲洗公厕等。

6.1.2 优化景观格局

优化景观格局的目的是对生态格局中不理想的地段和区域进行秩序重组，对各景观类型进行空间和数量上的优化设计，使其结构趋于完善，产生最大景观生态效益，如林相调整改造。

6.1.2.1 案例1：厦门岛森林景观（林相）提升改造项目

改造前，以台湾相思树、马尾松为主，森林景观较单调，林木老化。马尾松林生态稳定性差，容易遭受自然灾害（图6-2）。

改造的重点在调整树种结构，形成生长稳定的常绿阔叶林或针阔混交林，补植套种秋色叶、观花观果的植物（图6-3）。

图6-2 厦门岛原森林景观　　　　　　图6-3 厦门岛森林提升改造后

6.1.2.2 案例2：深圳"母亲河"大沙河生态长廊

改造前，大沙河两侧绿地逐步收紧，历经几次工程化改造之后由自然河川转变为了以城市排洪调蓄为主的功能性"渠道"，随着经济的迅速发展及人口的急剧增加，大沙河接纳的污染负荷远远超过其自净能力，河水发黑、发臭；大沙河也逐步退到了城市生活之外，成为了"被遗忘的角落"（图6-4）。

图6-4 大沙河改造前

改造后，大沙河在规划中采取了多角度的考量，务求寻找到一条综合解决之道，在确保大沙河的城市防洪功能的基础上，通过景观缝合碎片化的都市生态（图6-5）。

图6-5　大沙河改造后修复的生态系统

生态系统，指在自然界的一定的空间内，生物与环境构成的统一整体，在这个统一整体中，生物与环境之间相互影响、相互制约，并在一定时期内处于相对稳定的动态平衡状态。

生境被破坏后，留下大小不等的被隔离的片段。

栖息地的消失和破碎，使物种缺乏栖息和运动空间，是生物多样性消失的最主要原因之一。

生态系统修复的目的是使被破坏的自然环境恢复再生能力。

6.2　建成环境的规划设计策略

建成环境以人为因素为主导，自然要素往往居次要地位。随着社会经济的发展，土地承载数量超负荷导致城市河流、绿带等流通网络受阻，自然因子以斑块的形式散落，物质和能量无法在斑块之间流动，导致斑块的生境结构单一（图6-6）。

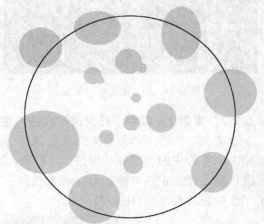

图6-6　建成环境中自然斑块的"散落"

针对建成环境的生态特征，从利用自然、恢复生境、优化生境三个方面入手，有针对性地解决不同特点的景观环境问题。

6.2.1　整合化设计

统筹环境资源，恢复城市景观格局的整体性和连贯性。

整合化设计强调维持和恢复景观生态过程与格局的连续性和完整性，维护、建立城市中残存的自然斑块之间的空间联系。

从更高层面来讲，是对城市资源环境的统筹协调，涵盖了构筑物、园林等为主的人工景观和各类自然生态景观构成的城市自然生态系统。其设计重点在于处理城市公园、城市广场的景观设计以及其他类型绿地的设计，融合生态环境、城市文化、历史传统与现代理念及现代生活，提高生态效益、景观效应和共享性，如重庆市奉节县绿地系统规划（图6-7）。

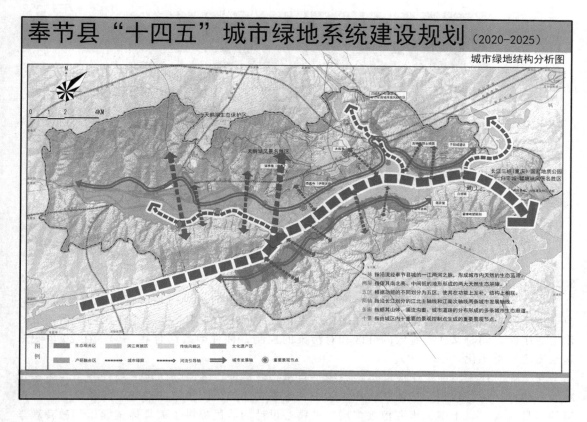

图 6-7 重庆市奉节县绿地系统规划（2021—2025 年）

6.2.2 典型生境的恢复

生境代表着物种的分布区，不同的生境意味着生物可以栖息的场所的自然空间的质的区别。生境是具有相同的地形或地理区位的单位空间。

典型生境的恢复是针对建成环境中的地带性生境破损而进行修复的过程。生境的恢复包括土壤环境、水环境等基础因子的恢复，以及由此带来的地域性植被、动物等生物恢复。

6.2.2.1 案例1：韩国清溪川复兴改造项目

改造前，韩国清溪川因城市发展而改成暗渠，水质恶劣。20 世纪 70 年代修建高架桥，这座高架曾是高峰时最拥堵的高速路之一，其大体量破坏了城市肌理（图 6-8）。

清溪川复原后的事实证明，在交通分流等一系列重新规划之后，搭乘公共交通的市民显著增多，交通状况非但没有加剧，反而缓解了这一区块的交通拥堵（图 6-9）。

图 6-8 韩国清溪川复兴改造前

图 6-9　韩国清溪川复兴改造后

6.2.2.2　案例 2：宁波生态走廊

宁波位于长江三角洲生态区的南部，自古以来，这里河道纵横，广阔的土地被河岸林、芦苇沼泽和农田所占据着。然而，在高速城市化发展的压力之下，生态走廊区内的运河被转作工业用途，同时又缺乏有效的分区和对污染的控制，种种因素结合在一起，在 20 世纪末其水质已严重恶化（图 6-10）。

在工业时代来临前，宁波的运河系统一直承担着运输、灌溉与防洪三项任务。在生态走廊的一期设计中，景观设计团队将雨洪管理和生态功能与公园独特的游憩空间相结合，让运河的旧日重现。对土壤、水和植被多层次的精心设计为居民提供了兼具休闲娱乐和教育教学功能的场所，并在社区与运河间建立起紧密的联系，同时也在城市环境中创造了多个生态栖息地（图 6-11）。

图 6-10　宁波生态走廊改造前

图 6-11　宁波生态走廊改造后

6.2.3　景观设计的生态化途径

从利用自然、恢复生境、优化生境三个方面入手，有针对性地解决不同特点的景观环境问题。

6.3 集约化景观设计方法

集约化景观设计方法是遵循资源节约型、环境友好型的发展道路，因地制宜，以最少的用地、用水，适当的资金投入，对生态环境干扰最少的景观设计模式，设计要点如下：

① 最大限度地发挥生态效益与环境效益；

② 满足人们合理的物质需求与精神需求；

③ 最大限度地节约自然资源与各种能源，提高利用率；

④ 以最合理的投入获得最适宜的综合效益。

集约化景观设计追求投入与产出比的最大化，即综合效益的最适宜。集约设计是能效比最优的设计（图6-12）。

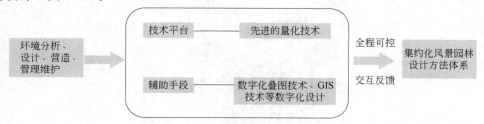

图6-12　集约化风景园林设计基本框架图

6.4 可持续景观设计的基本思路与方法

6.4.1 可持续景观生境设计

6.4.1.1 土壤环境的优化

（1）土壤环境的优化包括以下3个方面：

① 原有地形的利用

充分利用原有的自然条件，包括坡度、坡向以及植被条件等，尽量做到土方就地平衡、节约建设投入。

尊重现场地形条件，顺应地势组织环境景观，将人工营造与既有的环境条件有机融合是可持续景观设计的重要原则。

② 基地表土的保存与恢复

在景观环境的基地处理的过程中，要注意发挥表层土壤资源的利用（图6-13）。一定地段的表土与下面的心土保持着稳定的自然发生序列，建设中保持表土的回填将有助于保持植被稳定的地下营养空间，利于植物生长。宜将开挖的表土保留，工程竣工后回填至栽植区域，提高栽植成活率。

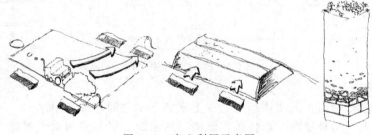

图6-13　表土利用示意图

③ 人工优化土壤环境

原有土壤不适宜植物生长，人为添加种植介质，即人工化土壤环境。

为形成不同的生境条件，需要多种材料的共同铸造进行多样化空间营造。

（2）土壤环境优化案例：加州科学馆屋顶花园

加州科学馆屋顶花园作为旧金山首个可持续性建筑项目之一，强调了生境的品质和连贯性。项目设计将周边的自然景观分为三层，使其错落有致，充满生机与活力。屋顶植被首先在场地外被植入种植槽内，成活后运往现场，然后人工放置于石笼网内的防水绝缘材料上（图6-14）。

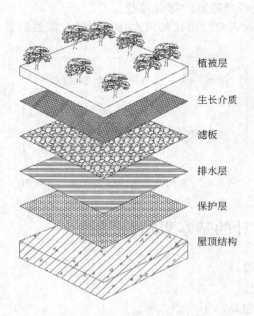

植被层
生长介质
滤板
排水层
保护层
屋顶结构

图 6-14 加州科学馆屋顶花园

6.4.1.2 水环境的优化

（1）地表水、雨水的收集

雨水收集面主要包括屋面、硬质铺装面、绿地三个方面（图6-15）。

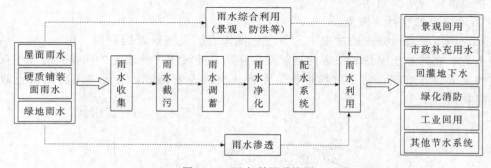

图 6-15 雨水利用系统图

（2）中水处理

生活污水经过处理后，其水质指标介于上水和下水之间，称为中水。

中水回用景观（园林灌溉、水体等）既能节约水源，又能使污水无害化（图6-16）。

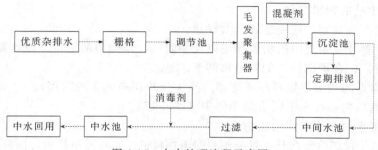

图 6-16　中水处理流程示意图

中水处理的类型包括：

① 物理技术　包括沉淀法、过滤法、气浮法等技术措施。

② 生物处理技术　包括好氧生物处理法和厌氧生物处理法。

③ 净水生境系统　将污染物迁移转化后外移，通过植物的吸收、吸附、截留、过滤作用，降解、转化水体中的有机污染物。

6.4.2　可持续景观种植设计

可持续景观种植设计注重植物群落的生态效益和环境效益的有机结合，通过模拟自然植物群落、恢复地带性植被等方式实现可持续绿色景观，需构建结构稳定、养护成本低、具有良好自我更新能力的植物群落。

6.4.2.1　地带性植被的运用

可持续景观种植设计首选乡土树种。广义上讲，乡土树种就是指通过人工长期引种、栽培和繁殖并被证明已经非常适应当地的气候和生态环境，且生长良好的能代表当地植物特色，具有一定文化内涵，并能完成其生活史的树种的总称。

乡土树种的特点：

① 区域性　乡土树种分布具有一定的地域性，有些分布的范围很广，例如银杏、榆、槐等，在全国多地均可见到。而有些乡土树种则因对温度、湿度、土壤等自然条件因素较为敏感，只能是种植于一定地域范围内。

② 适应性　乡土树种是在一个地区特定环境条件下稳定的植物群落。

③ 抗逆性　乡土树种是经过自然长期选择的结果，对当地的生长环境具有良好的抗逆性，绿化景观表现稳定。

④ 经济性　乡土树种取材方便，育苗容易，免去长途运输，成活率高，管理方便，成本低。

⑤ 历史和文化性　由于乡土树种的应用大多历史较长或悠久，许多植物被赋予一些民间传说和典故，具有丰富的文化底蕴。

重庆市栽植的乡土树种有楠木（桢楠）、银杏、柏木、金钱松、红豆杉、南方红豆杉、鹅掌楸、银木、连香树、榉树、红豆树、黄连木、香椿、红椿、光皮梾木、香果树、川黔紫薇、黄檀、黑胡桃、青钱柳、栓皮栎、麻栎、水青冈、白栎、杜仲、亮叶桦、华南桦、清香木、银木荷、云南樟、猴樟、小叶青冈、青冈栎、滇青冈、伯乐树、栲等。

在进行种植设计时，应首选乡土树种，但非绝对排斥外来植物。

6.4.2.2　群落化栽植——"拟自然景观"

自然界植物乔、灌、草分布有序，树种间的组合也具有一定的规律。通过模拟地带性自然植物群落，将自然生境特征引入到城市景观建设中来。

6.4.2.3 不同生境的栽培方法

植物配置要因地制宜，避免违背自然规律。

生态位是指物种在系统中的功能作用以及在时间、空间中的地位。设计要充分考虑植物物种的生态位特征，合理选择、配置植物群落。

① 建筑物附近的栽植需保持足够距离（至少保持树高 2/3 的距离）。

② 湿地环境植物栽植在不同水深条件中（图 6-17）。

③ 坡面种植宜用根系发达的植物。

④ 屋顶栽植尽量选取寿命长、置换便利的植物材料，同时屋顶基质与植物的构成要合理。

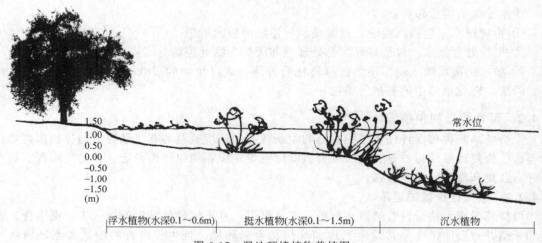

图 6-17　湿地环境植物栽植图

6.4.3 可持续景观材料及能源

6.4.3.1 可持续景观材料

可持续景观材料是指在原料采取、产品制造使用和再循环利用以及废物处理等环节中与生态环境和谐共存并有利于人类健康的材料，它们要具备净化吸收功能和促进健康的功能。该概念在 1988 年第一届国际材料会议上首次提出，并被定为下世纪人类要实现的目标材料之一。目前已有的使用情况有：

① 生态厕所的应用（粪污无害化、节能、节水）；

② 可再生材料的使用（金属、玻璃、塑料和膜材料）；

③ 可降解材料的使用（如纳米塑木、可生物降解的种植钵）。

6.4.3.2 可持续能源

可持续能源是可持续的能源供应，以满足目前的需求，又不损害未来后代满足他们的需求的能力。促进可持续能源的技术，包括可再生能源，如水电、太阳能、风能、波浪能、地热能、潮汐能，同时也包括提高能源利用效率的技术。

6.5 雨水花园

雨水花园指自然形成的或人工挖掘的浅凹绿地，被用于汇聚并吸收来自屋顶或地面的雨水，通过植物、沙土的综合作用使雨水得到净化，并使之逐渐渗入土壤，涵养地下水，或使之补给景观用水、厕所用水等城市用水，是一种生态可持续的雨洪控制与雨水利用设施（图6-18）。

覆盖层
种植土壤层
砾石层
溢流管
蓄水层
砂层

图 6-18　雨水花园

6.5.1　雨水花园的作用

雨水花园的作用包括以下 5 个方面：

① 有效利用水资源，形成可持续水景观，优化景观视觉环境；

② 营造生物多样性的景观，为生物（如昆虫与鸟类）提供栖息环境；

③ 能够有效地去除径流中颗粒物、杂质，对改善水质有一定作用；

④ 调节环境中空气的湿度与温度，改善庭院微气候；

⑤ 建成后，相对于草坪，后期维护更简单、更经济实用。

6.5.2　雨水花园的设计重点——雨水链

雨水链包括以下 6 个方面：

① 绿色屋顶；

② 雨水收集装置；

③ 溢水结构和水渠；

④ 铺地渗透；

⑤ 植被过滤带；

⑥ 蓄水池（生态滞留池）（图 6-19）。

雨水
屋顶雨水
过滤
路面过水
溢流口
雨水花园
下渗

图 6-19　雨水花园设计

6.5.3 雨水花园设计案例

6.5.3.1 校园雨水利用案例

以塔博尔山中学雨水花园案例进行分析，此案例为我们提供了在小尺度的校园停车场场地如何设计一个雨水花园并使其具有教育意义的方法。

案例：波塔尔山中学雨水花园

（1）基地概况（图 6-20）

图 6-20 塔博尔山中学基地情况

塔博尔山中学在美国西北部的波特兰市，场地原来是学校校舍前的一块沥青停车场，无绿化，因其产生的热量，学生将其描述为"沥青烤箱"。

（2）雨水利用设计（图 6-21）

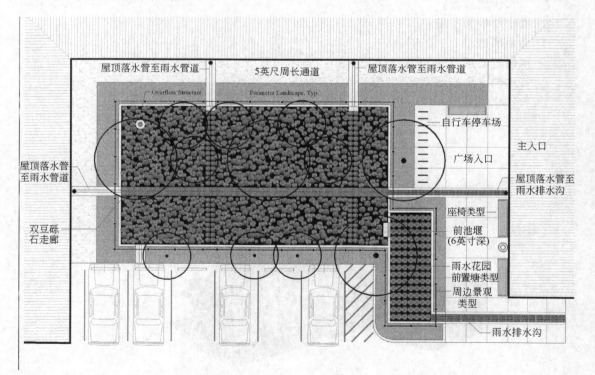

图 6-21 塔博尔山中学停车场改造雨水花园设计平面图

2006 年夏，经过 59 天的改造设计，停车场庭院空间从"灰色空间"完全地变换成了进行暴雨管理，帮助学校减温，并且为学生、教师和社区居民提供环境教育的"绿色空间"。在该庭院的中间设置了一个雨水花池，设计的深度为 8in（1in＝0.0254m）。在雨季，周围教室的屋顶上的雨水和地面上的雨水通过混凝土的水渠导入花池内，当雨水到达设计深度时，雨水将通过花池内的溢流设施排入城市管网。雨水一方面在雨水花池内临时储存，另一方面也在不断地渗透，渗透率在降雨的时间内不停地发生变化。塔博尔山中学的雨水花园从完成之日起，汇入雨水花池的径流完全实现了渗透，没有溢流入城市管网，因此这样一个小小的由停车场改造的花园实现了 5000gal（1gal＝3.7854L）雨水的渗透，节约了 10 万美元/年的下水道建设及维护费用。

图 6-22　塔博尔山中学雨水花园建成后实景图

6.5.3.2 居住区雨水利用案例

以美国芝加哥 Prairie Crossing 案例进行分析，此案例为我们提供了在居住区如何设计一个雨水收集和净化系统的方法。

案例：美国芝加哥 Prairie Crossing 案例分析（图 6-23）

Prairie Crossing 是一个坐落在伊利诺伊州的芝加哥城西北部 65km 处的"生态社区"。基于建筑节能、创造一个良好的社区环境以及通过火车交通而不是汽车来促进交流的原则，这一社区在保存自然景观和提供具有本土风格的住宅建筑之间达到了一个平衡。这里包含有 359 栋单家庭住宅和 36 栋公寓。这种低密度的建设与正常的情况形成了对比，正常情况下在同样规模的土地上会建造成百上千的房屋。Prairie Crossing 包括一个有机农场、学校、社区会议厅以及一个购物中心。

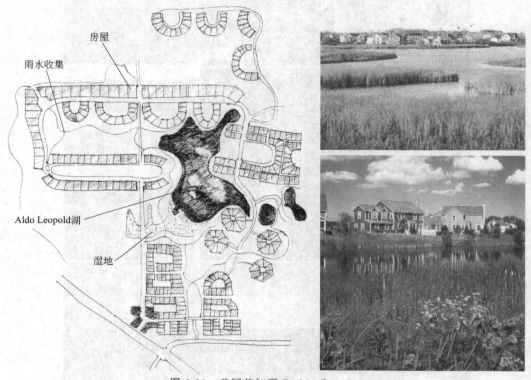

图 6-23　美国芝加哥 Prairie Crossing

这一开发涵盖了约 280hm^2（约 700 英亩）的土地，其中 70% 的地域被保护为空地——最初这里是为了防止对环境敏感的土地的无控制的开发。这里的空地经过设计来提供暴雨管理，并且沿等高线修整来恰当地管理暴雨，而不是通过混凝土管道或者其他的人工暴雨排水系统。在 Prairie Crossing 的中心是约 9hm^2（约 22 英亩）的奥莱波尔德湖（以传说中的资源保护者的名字来命名）和一系列相邻的湿地。暴雨链使得雨水缓慢地排出而不是沿着管道迅速地移动。村庄中心外围住宅区的雨水流入种有当地的草种和沼泽植物的湿地中。这些湿地是暴雨链的最初部分，它们使得马路上和住宅区的雨水流入广阔的大草原，同时起到渗透和沉淀固体物的作用。

6.5.3.3 公共空间雨水利用案例

以广州莲麻村生态雨水花园案例进行分析，此案例为我们提供了如何通过雨水花园进行公共空间生态修复的方法。

案例：聚水而乐——广州莲麻村生态雨水花园设计

广州莲麻村生态雨水花园位于广州市从化区莲麻村村委会附近，包括村委会前已经硬化的场坝及南侧的空地，基地面积670m²。项目于2015年7~8月开始设计，整体于11月竣工。接手项目时，村委会前场坝空间局促单调，缺少活动及休憩设施；南侧空地原为废弃鱼塘，由于地势低洼，周围多个雨水口汇集于此造成常年积水，加之垃圾倾倒遍地无人清理，成为影响周围环境和村民生活质量的问题地块。莲麻村近年实施雨水工程和管线铺设，但由于沿用建设城市的惯性思路，地面过度硬化，农村区域又缺少人员及时管理维护，每逢雨季，地表径流大面积滞留，无法及时存蓄、下渗到周边的自然土壤（图6-24）。

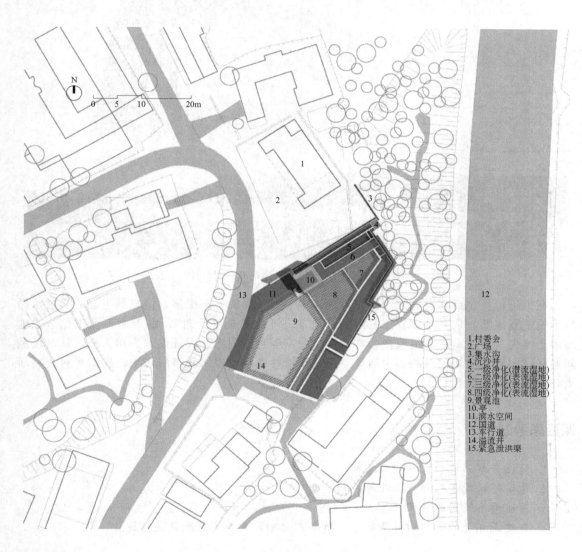

1.村委会
2.广场
3.集水沟
4.沉沙井
5.一级净化(潜流湿地)
6.二级净化(表流湿地)
7.三级净化(表流湿地)
8.四级净化(表流湿地)
9.景观池
10.亭
11.滨水空间
12.国道
13.车行道
14.溢流井
15.紧急泄洪渠

图 6-24

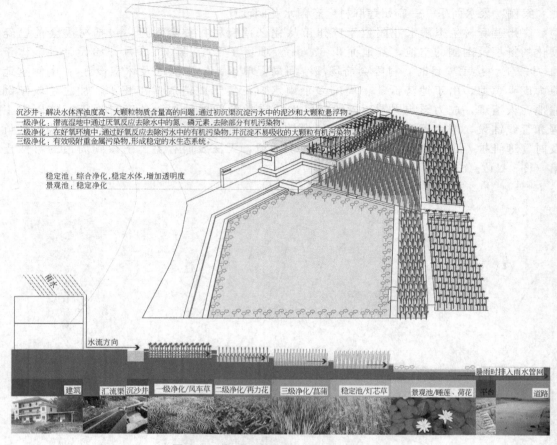

沉沙井：解决水体浑浊度高、大颗粒物质含量高的问题,通过初沉渠沉淀污水中的泥沙和大颗粒悬浮物。
一级净化：潜流湿地中通过厌氧反应去除水中的氮、磷元素,去除部分有机污染物。
二级净化：在好氧环境中,通过好氧反应去除污水中的有机污染物,并沉淀不易吸收的大颗粒有机污染物。
三级净化：有效吸附重金属污染物,形成稳定的水生态系统。

稳定池：综合净化,稳定水体,增加透明度
景观池：稳定净化

雨水

水流方向

暴雨时排入雨水管网

| 建筑 | 汇流渠 | 沉沙井 | 一级净化/风车草 | 二级净化/再力花 | 三级净化/菖蒲 | 稳定池/灯芯草 | 景观池/睡莲、荷花 | 平台 | 道路 |

图 6-24　广州莲麻村生态雨水花园设计图

　　在推进现代化市政设施建设同时，设计中忽视必要的生态措施，使自然生态的乡村水循环系统遭到破坏，依靠排水管道的雨洪管理方式不能完全"代谢"；由于地表硬质化造成地表水土流失、局域本底环境改变、本地植物凋零等生态问题。设计以水为切入点，针对场地问题，试图塑造亲切闲逸的邻水活动空间，重拾岭南乡村以水叙事的传统，探索乡村公共活动与生态景观的融合。

课后思考题

1. 简述自然环境的规划设计策略。
2. 简述可持续景观材料及能源应用。
3. 简述雨水花园的作用。
4. 在建成环境的规划设计策略中，请举例说明属于典型生境恢复的设计。

本章思考与拓展

　　"持续性"一词首先是由生态学家提出来的，即所谓"生态持续性"（ecological sustainability），意在说明自然资源及其开发利用程序间的平衡。可持续发展是 20 世纪 80 年代提出的新的发展观，它的提出是应时代的变迁、社会经济发展的需要而产生的。其核心思想是，经济发展、保护资源和保护生态环境协调一致。

1991 年 11 月，国际生态学联合会（INTECOL）和国际生物科学联合会（International Union of Biological Science，IUBS）联合举行了关于可持续发展问题的专题研讨会，该研讨会的成果发展并深化了可持续发展概念的自然属性。

参考文献

成玉宁. 2010. 现代景观设计理论与方法. 南京：东南大学出版社.

第7章　人性化景观环境设计

本章的重点与难点

　　重点： 人性化交往空间的设计、人性化尺度和设施的设计。
　　难点： 无障碍设施的合理设计和通用设计。

导言

　　随着社会经济的不断发展和科学技术的进步，人们的生活品质有了显著提升，在景观设计时越来越注重人的需求。景观设计的人性化，需要考虑不同年龄阶段、不同文化层次的人的活动特点，创造舒适的景观环境。景观设计只有做到了以人为本，才能使社会和人类的生存环境做到和谐统一发展。本章以人性化景观环境设计为核心展开叙述。图7-1为无障碍通道设计。

图 7-1　无障碍通道

7.1 设计人性化的交往环境

人性化景观环境就是依据人的尺度与行为来设计的户外空间环境。人性化景观环境的设计包括对人的心理及生理两个层面的考虑，从人的尺度、情感、行为出发，尽可能满足使用群体的多种需求（图7-2）。

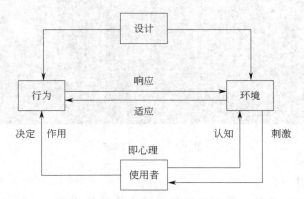

图 7-2　环境设计与人的行为、心理关系示意图

人性化的景观环境设计应遵循的基本原则：

① 环境设施应在使用者易于接近并能看到的位置，方便使用；

② 环境设计要考虑日照、遮阴、风力等环境因素及人的生理特点；

③ 满足不同人群的使用（老人、儿童、残障人士），不同群体活动互不干扰，且提供不同年龄段人群的交往、共处空间；

④ 提倡民众参与，让使用者参与景观环境的设计、建造及维护过程；

⑤ 景观设施日常维护应简单、经济，景观设施材料应人性化；

⑥ 营造具有安全感、领域感的空间环境。

北京林业大学校园一处薄房子的景观设计就是人性化景观的优秀案例。校园内有一处狭小闭塞的空间，场地内只有一个钢板房和满墙的小广告，设计者将这样的"边角料"空间进行极简设计，形成了"薄房子"。它的原型是一张进行了切割、剪裁、折叠的白纸。镂空的为窗，折叠的为桌，切割拼连成一个个独立的小空间（图7-3）。

图 7-3　薄房子轴测图

薄房子最大的特点在于轻薄与通透，最小占用本身的空间，以简单的材料和颜色形成极有力度的美。墙壁大面积留白作为背景，任由日月的光辉来对它进行动态点缀，错落韵律的镂空使得白墙与外界环境的边界感削弱的同时增强了参与感和休憩性（图7-4）。

图 7-4　薄房子环境

7.1.1　创造交往空间

交往是人类社会性的反映，景观环境是人们交往的重要载体。景观环境创造的交往空间可增强人的自我认同感，缓解现代生活的孤独感。

（1）研究景观环境中潜在的交往行为，设置景观设施

不同的景观环境中可能发生的潜在交往行为不同，这是由不同环境的特征决定的（表7-1）。

表 7-1　不同景观环境中的潜在交往行为

景观环境	交往行为
社区	聊天、棋牌、健身
商业景观空间	售卖、休息、表演
广场	广场舞、文化表演、观看
公园	散步、健身、运动、观赏
校园	汇报、奔跑、运动、看书

因此必须对设计场地中可能存在的交往行为进行研究，为这些活动提供必要的环境设施，满足活动需求，诱发交往行为。

（2）营造合理的流线系统，创造交往空间

合理流畅的流线设计保证了市民户外活动的安全，采取人车分流的方式减少了车辆对人们交往行为的干扰，同时还能增加市民户外交往活动空间，通过增加游步道、延长游览路线，增设休息、游玩、健身的区域以增加居民户外停留时间。南京新世界花园住宅小区通过调整路网，增加了大量的宅间绿地与活动场地，为小区内的居民开展各项户外交往活动创造了条件（图7-5～图7-7）。

7.1.2　人性化尺度

景观环境中的人性化尺度是指空间尺度、环境设施的尺寸适宜人的活动与使用。

景观环境中的人性化尺度没有定值，不同的人群对空间的感受不同。如儿童感受的空间尺度比成人小，男性感受的空间尺度比女性大。

景观空间距离 D 与两边建筑高度 H 的比值即 D/H 在 $1\sim2$ 之间时，感到舒适宜人；比值小于 1 时，有压迫和紧张感；比值大于 2 时，感到空旷、孤独、不安和恐惧。

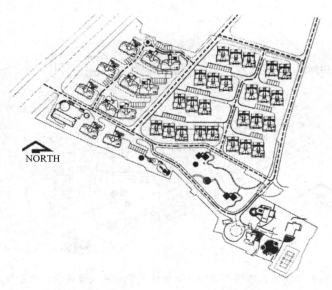

图 7-5　南京新世界花园原平面图（引自成玉宁《现代景观设计理论与方法》，2010）

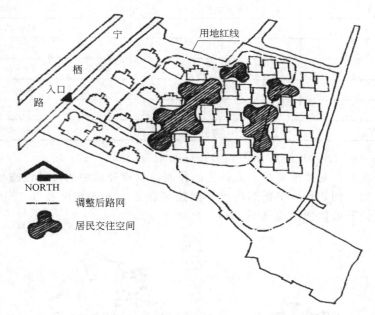

图 7-6　南京新世界花园通过调整路网增加交往空间（引自成玉宁《现代景观设计理论与方法》，2010）

根据研究发现，人均占地 $12 \sim 50 m^2$ 时，较适宜开展外部活动（表 7-2、表 7-3）。

表 7-2　中外得到公众认可的市民广场面积

意大利 圣马可广场	美国 威廉斯广场	南京鼓楼广场	日本 埼玉县广场	深圳 南国花园广场
$1.28 hm^2$	$0.56 hm^2$	$1.86 hm^2$	$1.8 hm^2$	$1.5 hm^2$

（资料来源：王珂，夏建．城市广场设计．南京：东南大学出版社，1999）

图 7-7　南京新世界花园调整后平面图（引自成玉宁《现代景观设计理论与方法》，2010）

表 7-3　广场上不同人流速度、占地大小与人的环境感受

环境感受	人均占地大小/m²	人流/[人/(min·m)]
阻滞	0.2～1.0	60～82
混乱	1.0～1.5	46～60
拥挤	1.5～2.2	33～46
约束	2.2～3.7	20～33
干扰	3.7～12	6.5～20
不干扰	12～50	1.6～6.5

（资料来源：夏祖华等．城市空间设计．南京：东南大学出版社，2001.）

除了景观环境的宏观尺度要注重人性化的控制，景观环境中的各种设施与小品也要考虑到人的尺度与行为。例如环境中亭廊高度一般控制在 3～4m，宽度在 3.0～6.0m 之间，这种尺度较适合人们开展休憩活动（图 7-8）。

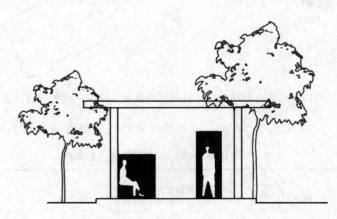

图 7-8　尺度适宜的亭子示意图

7.1.3 边界的处理

心理学的边界效应指人们喜欢停留在有依靠、有背景的边缘地带。环境心理学认为，人群选择场地的边缘是因为人在边界停留过程中感受到了支持与保护，所以人们会自然地选择有所依靠的地方。例如从南京和平公园内 4 个不同时间点绘制的人群行为叠加图可看出人群最乐意集结与停留的是一些空间的边界（图 7-9 中灰色区），例如花坛树池边、塔周边、廊子。

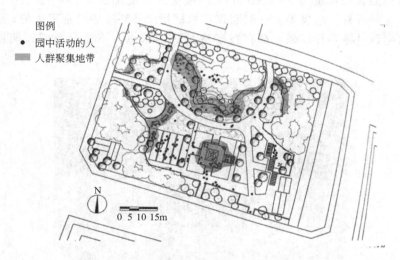

图 7-9　4 个不同时间点绘制的人群行为叠加图（地点：南京和平公园）
（时间段：6:30　10:30　12:00　15:00）（引自成玉宁《现代景观设计理论与方法》2010）

边界设计应通透丰富、曲折而富于变化，并在适当位置设计休息和观光空间。边界设计越丰富，边界上逗留的人往往越多。例如图 7-10 中，左侧长椅适合单个或双人使用，中部突出的边界既可供游人坐下休息，又可增加边界变化，丰富效果，右侧座椅适合三人以上的群体使用，丰富的边界形态提供了多种活动的可能。

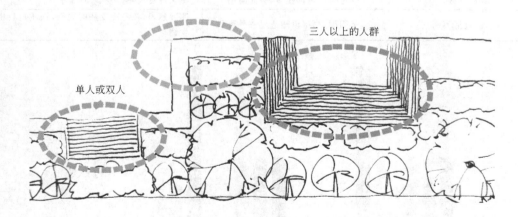

图 7-10　空间边界越丰富，停留的游人越多

7.1.4 座椅设计与设置

座椅是风景园林中必备的供游人休息、赏景的设施。良好的座椅设计不仅能为人们提供

良好的休憩场所，还能满足人们的心理需求，促进人们的户外交往，诱发景观环境中各类活动的发生。

座椅的设计首先是满足人们坐的需求，因而适宜的高度和良好的界面材料是最基本的要求，从人体工程学角度而言，最适宜的座椅应使入座者的脚能够自然地放在地上，并且不会感到压迫腿。总体而言，风景园林中座椅的合适高度在 45 cm 左右。设计过高过低都会让人感觉不舒服，如某公园广场上座椅设置太高，市民不得不把腿悬在半空，影响了人们的使用（图 7-11）。座椅的人均尺度为 80～92cm/人，座椅的长度至少＞160～180cm。座椅材料选择很多，如木材、石材、金属等。一般而言，木材是户外环境中最常采用的，金属与石材次之。因为金属与石材导热性较强，都存在冬冷夏热的缺点，不适合人们长期使用（表 7-4、图 7-12）。

图 7-11　过高的座椅（郭丽娟　摄）

表 7-4　景观环境常用界面材料

界面材料	优点	缺点
木材	触感较好，加工性强，亲近自然，比较受到市民欢迎	耐久性差
石材	颜色与纹理都较多，坚固耐用	冬天冷夏天热，形状较难塑造
铁质（包括不锈钢）	坚固耐用，可以塑造成各种形状	冰冷感，存在冬冷夏热的缺点，铁质材料也容易生锈

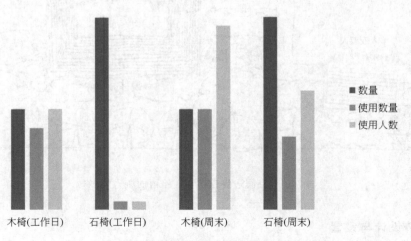

图 7-12　某公园内座椅使用情况统计

座椅一般布置在有景可赏、安静休息的地方或游人需要停留、休息的地方，如树荫下、水池旁、路旁、广场、花坛边等。

根据边界效应，座椅布置的方向应朝向开阔地带或人流量大的方向。例如香港科技中心的座椅虽布置成朝里侧开口的半弧形，但人们多选择坐在圆弧外侧，面向开阔的海湾（图7-13）。

图 7-13　座椅朝向人流量大的方向

座椅本身的形状对于人们的使用影响也很大，图7-14是两种形状相反的座椅形式。左边是内弧形的座椅，其空间形态是向心的，使用者的视线是内聚的，这种形状的座椅更适宜彼此熟悉的团体人群的使用；而右侧外弧形的座椅，空间形态是发散的，能够为人们提供开阔的视野，因而更适合彼此陌生的人群使用。常见弧形座椅如图7-15。

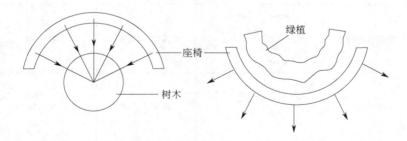

图 7-14　内弧形座椅（产生视线汇聚）和外弧形座椅（使视线分散）对人们的影响

7.1.5　路径设计

良好的路径设计能创造一个人性化的交通系统，诱发人们进行交往、驻足与欣赏。

路径设计包括车流设计和人流设计，景观环境中不同使用者和交通模式直接影响着路径设计。在许多景观环境中，设计者首先要考虑机动车与行人的冲突。

景观环境中的人流路径类型根据目的类型可以分为四大类（表7-5）。

人们使用路径的方式、强度和频率决定了路径的宽度、形式和材料。同时人们的心理特点也影响对路径的选择。

图 7-15　弧形座椅

表 7-5　人的路径类型分类

路径类型	图　示	常见行为	平均步行速度(m/min)
目的性较强		交通、穿越、跑步	80～150
目的性较弱		游览、购物	40～80
无明确目的		散步、休憩	50～70
停滞状态		等候、观赏	0

7.2　无障碍设计与通用设计

7.2.1　无障碍设计

20 世纪 50 年代，人们开始注意环境中的残障人士需求问题，提出无障碍设计概念，即为身体残障者去除存在于环境中的障碍的设计。

无障碍设计的服务人群为残疾人、老年人、儿童等弱势群体，为他们的户外活动提供一定的便捷和安全。

无障碍设计的缺憾与局限性有以下 3 点。

① 现有的无障碍设计相关规范尚未针对景观环境特征形成系统性的要求。

② 无障碍设计与景观设计存在脱节，两者没有系统化地统筹考虑。

③ 通常为专属服务设施，适用人群的协同性较低（除电梯），服务人群有限（表 7-6）。

表 7-6　无障碍设施与使用人群协调性情况

无障碍设施	使用者	盲人	残障人士	老人	儿童	其他行动不便人士	健全人
专用设施	盲道	√	×	×	×	×	×
	无障碍电梯	√	√	√	√	√	√
	无障碍厕所	×	√	√	×	√	×
	专设锻炼设施	×	√	√	√	×	×
通用设施	地标处理坡道	√	√	√	√	√	√
	地面防滑材料	√	√	√	√	√	√
	导视标识	√	√	√	√	√	√
	多尺度的服务设施	√	√	√	√	√	√

7.2.2　通用设计

1987 年，"通用设计"一词出现，为不分性别、年龄与能力，适合所有人方便使用的环境设施或产品设计。

通用设计的优点：

① 不仅满足了无障碍环境的主要服务对象即残疾人、老人等弱势群体，而且扩大了受益者范围，方便所有人群的使用。

② 通用设计使设施易于被特殊人群使用，在心理上更易被接受。

③ 提供了更完善的理念与更高的追求目标，使人性化内容更充实。

通用设计有别于以前的专用设施设计和无障碍设计，因此在设计思路和方法上与前者有质的不同（图 7-16）。

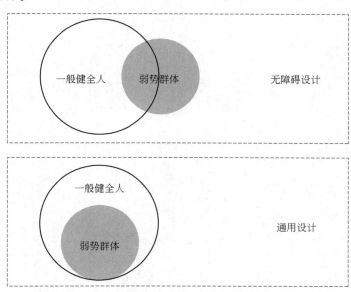

图 7-16　无障碍设计、通用设计关系图

景观环境通用设计策略

① 通过安全、便捷的路径设计，合理的信息标识系统，最大程度地满足可达性需求。

② 提高景观环境的包容性，激发不同参与者活动。

③ 集约化使用景观资源，营造"多义性""复合性"的景观环境。

课后思考题

1. 人性化景观环境是依据人的哪两个要素来设计人的户外空间环境？

2. 景观环境中的人性化尺度是指什么？

3. 人性化的景观环境设计应遵循的基本原则是什么？

4. 根据心理学的边界效应，人们更喜欢停留在哪种环境中？

5. 结合校园景观，分析校园人性化的景观的现状，并论述人性化的景观环境设计应遵循的基本原则。

本章思考与拓展

自 20 世纪 90 年代以来，随着国家经济的快速发展和人民生活水平的提高，人性化设计逐渐在各个领域得到重视和利用。风景园林专业的人性化设计也发展起来，并逐渐趋于成熟，"以人为本"的设计理念更多地应用到校园景观、公园景观、广场景观、居住区景观等多个方面，人性化的景观设计成为设计师们始终不懈奋斗的目标。

参考文献

成玉宁 . 2010. 现代景观设计理论与方法 . 南京：东南大学出版社 .

王珂，夏建 . 1999. 城市广场设计 . 南京：东南大学出版社 .

夏祖华 . 2001. 城市空间设计 . 南京：东南大学出版社 .